THE LATEST TOPICS

最新トピックス

朝日新聞の記事と写真で見る科学ニュース

天の川銀河のブラックホール撮《と》った！

太陽系《たいようけい》が含《ふく》まれる天の川銀河の中心、地球から約２万７千光年離《はな》れたところに「いて座《ざ》Ａ＊（エースター）」と呼《よ》ばれるブラックホールがある。その撮影《さつえい》に成功したと、国立天文台などの国際研究チームが2022年５月12日に発表した。天の川銀河の中心にブラックホールが存在《そんざい》することを初めて視覚《しかく》的に証明した。天の川銀河が形づくられた経緯《けいい》の解明などにつながると期待される。

「いて座《ざ》Ａ＊」のブラックホールの画像　©EHT Collaboration

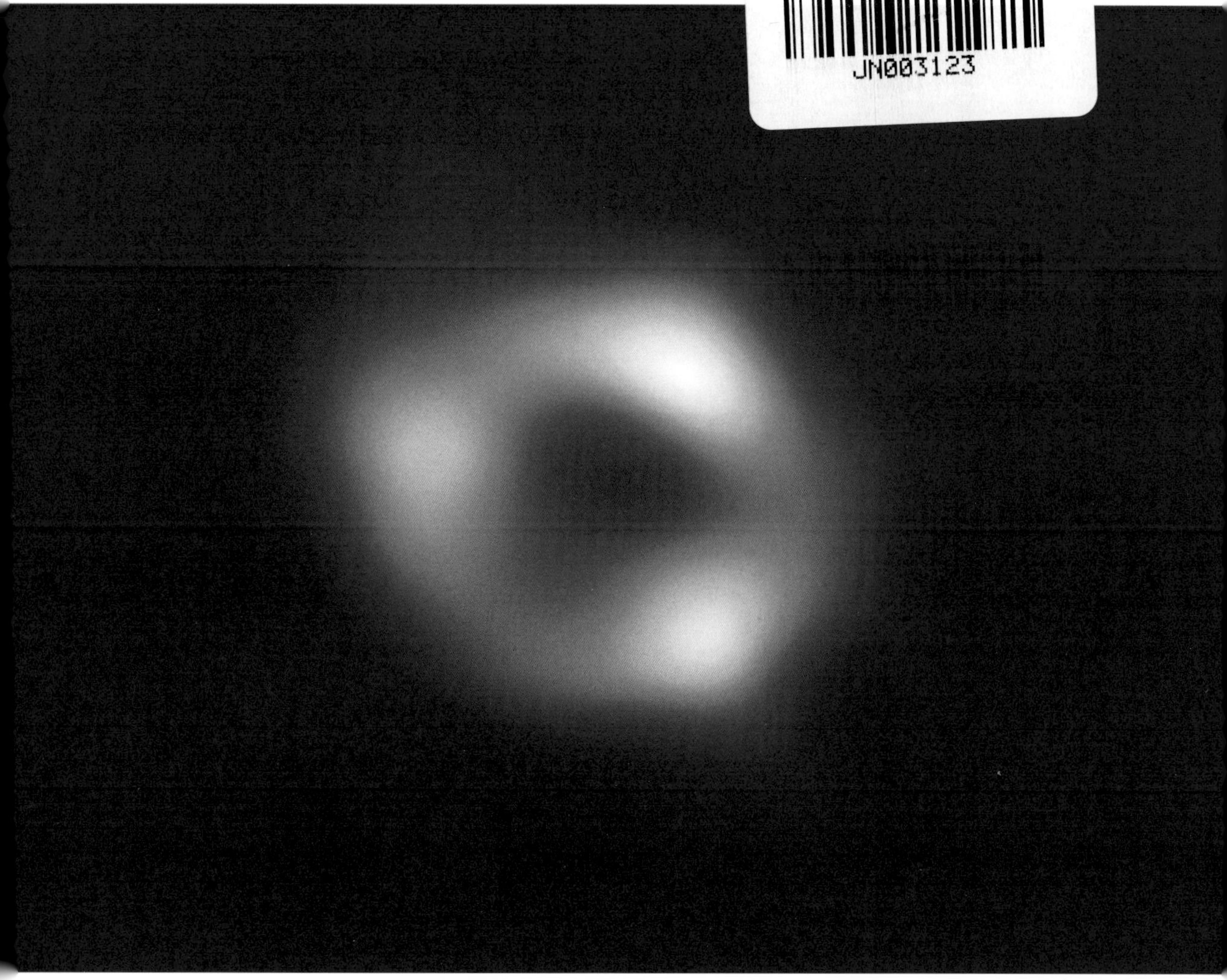

日本の天文台も貢献《こうけん》
ブラックホール、どうやって撮影《さつえい》するの？

５月、日本の国立天文台を含《ふく》む国際研究チームがブラックホール「いて座《ざ》Ａ＊」の撮影《さつえい》に成功した。ブラックホールの撮影《さつえい》が初めて発表されたのは2019年４月のことで、地球から約5500万光年離《はな》れた銀河「Ｍ８７」のブラックホールだ。今回のいて座《ざ》Ａ＊は、地球から約２万７千光年と距離《きょり》は近いものの、Ｍ８７のブラックホールに比べて小さい。異《こと》なる特徴《とくちょう》をもつ二つを比較《ひかく》することで、ブラックホールのさらなる理解につながるとみられる。これらのブラックホールはどのように撮影《さつえい》されたのだろうか。

まず世界６カ所にある八つの電波望遠鏡で、同時に観測する。望遠鏡を連動させることで、解像度の高い巨大《きょだい》望遠鏡に見立てて観測できる。そのデータを解析して「撮影」する。八つを連動させた巨大望遠鏡の口径は、地球の直径に近い約１万km相当。人間の視力《しりょく》にすると、「視力《しりょく》３００万」になる。研究チームが撮影《さつえい》した二つのブラックホールは、非常に大きいけれども地球からは遠く離《はな》れている。これは、地球から月面にあるゴルフボールやテニスボールを観測するような感じになる。

ブラックホールは光も吸《す》いこんでしまうほど強い重力をもっていて、それ自体から光は発しない。それでも、周辺のガスから電波が出ていて、ブラックホールに近づくと重力で曲げられて地球に届《とど》く。その電波をとらえて、画像にする。ただ、ブラックホールには「事象の地平線」と呼《よ》ばれる境界があり、その内側からは光が出られない。見えたというのは、その周辺から届《とど》いた電波をとらえてブラックホールの輪郭《りんかく》を浮《う》かび上《あ》がらせたということである。

ブラックホールの存在《そんざい》は、アインシュタインの一般相対性理論《いっぱんそうたいせいりろん》によって予言されてきたが、光を発しないため姿《すがた》をとらえることはできないと考えられていた。撮影《さつえい》の成功で存在《そんざい》を裏付《うらづ》け、さらに直径や質量もわかった。解析《かいせき》を進めていけば、成り立ちなどが明らかになっていくかもしれない。

生命の起源《きげん》は地球外から?
隕石からDNAの素材確認《かくにん》

熱を加えず、水でじっくり抽出《ちゅうしゅつ》する「水出しコーヒー」と同じ方法で、北海道大学などの研究チームが、DNAやRNAを構成する主な五つの塩基すべてを隕石から検出したと発表した。生命の起源《きげん》となる塩基が、地球外からきたという説を後押《あとお》しする結果だ。

生命のもととなる有機物が、隕石や彗星《すいせい》によって地球外から運ばれてきたという説は広く知られる。しかし、DNAを構成する塩基は検出例が少なく、説に懐疑《かいぎ》的な意見もあった。

検出しにくい理由の一つが、塩基が熱や酸に弱いことだ。隕石を酸性の溶媒《ようばい》で煮《に》出す従《じゅう》来《らい》の抽出《ちゅうしゅつ》法では、壊《こわ》れる可能性がある。そこで研究チームは、「コールドブリュー（低温抽出《ちゅうしゅつ》)」とも言える方法を編み出した。粉末にした隕石を水に入れて、塩基をじっくり抽出《ちゅうしゅつ》。さらに「雑味」を取《と》り除《のぞ》くように、分析《ぶんせき》の邪魔《じゃま》になるミネラル分なども独自の方法で除去《じょきょ》。得られた「澄《す》んだスープ」を、超《ちょう》高感度・超《ちょう》高分解能の最新装置《そうち》で分析《ぶんせき》する手法だ。小惑星探査《しょうわくせいたんさ》機「はやぶさ2」が持ち帰ったサンプルの分析《ぶんせき》にも、この検出方法が使われる予定だ。

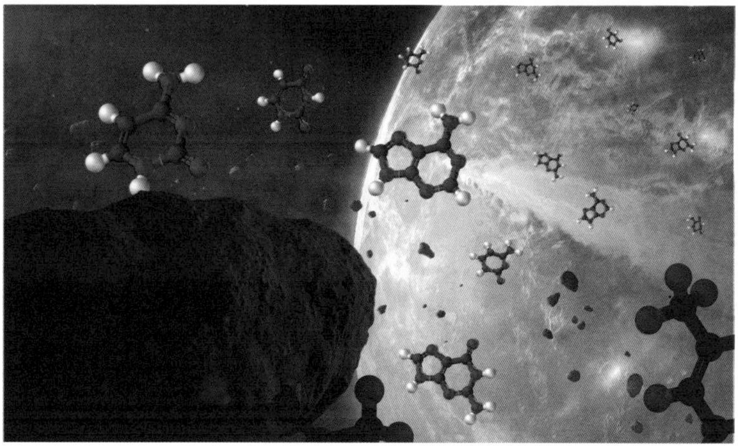

隕石による原始地球への
塩基供給《きょうきゅう》のイメージ図

野口《のぐち》さんＪＡＸＡ《ジャクサ》退職へ「後輩《こうはい》に道を譲《ゆず》りたい」

記者会見でＪＡＸＡ《ジャクサ》の退職と今後について語る野口聡一《のぐちそういち》さん
＝２０２２年５月、東京都千代田区

３度の宇宙《うちゅう》飛行を経験した宇宙《うちゅう》飛行士の野口《のぐち》聡一《そういち》さん（57）が、宇宙《うちゅう》航空研究開発機構（JAXA《ジャクサ》）を退職した。５月25日、東京都内で開いた記者会見で「あっという間の26年だった。すばらしい仲間に囲まれて感謝したい。後《こう》輩《はい》の飛行士、これから選抜《せんばつ》される新人飛行士に道を譲《ゆず》りたい」と話した。再び宇宙《うちゅう》に行くかと問われ、「JAXA《ジャクサ》の宇宙飛行士として行く機会はないが、民間人として行くのは半々と思っている」と笑顔を見せた。今後は研究機関や教育機関への協力、人材育成などに携《たずさ》わっていく考えを示した。野口《のぐち》さんの退職で、JAXA《ジャクサ》に所属する現役の宇宙《うちゅう》飛行士は６人となる。

コロナ、死者3万人に「万能ワクチン」の開発急ぐ

新型コロナウイルスの国内死者数の累計《るいけい》が5月13日、3万人（クルーズ船を含《ふく》む）を超《こ》えた。死者は2021年４月に１万人を超《こ》え、今年２月に２万人に達するまで約10カ月だったが、第６波のオミクロン株《かぶ》の感染拡大《かんせんかくだい》で、死者の増加ペースは加速し、約３カ月で３万人に達した。

ウイルスは変異《へんい》を繰《く》り返《かえ》し、従来《じゅうらい》のワクチンの効果が下がることが心配されている。様々な変異株《へんいかぶ》や他のコロナウイルスにも効く「万能コロナワクチン」ができないか。次の世界的流行（パンデミック）に備え、世界で研究が進んでいる。

電機大手のNECはAI技術を利用した、次世代ワクチン開発に乗り出した。ワクチンは、免疫系《めんえきけい》にウイルスの特徴《とくちょう》を「抗原《こうげん》」として認識《にんしき》させ感染《かんせん》に備えるものだ。現在使われている新型コロナのｍＲＮＡワクチンは、ウイルスが感染《かんせん》する際に必要な突起《とっき》たんぱく質を体内でつくって抗原《こうげん》とする。ただ、オミクロン株《かぶ》は、突起《とっき》に多数の変異《へんい》が入り、ワクチンの感染《かんせん》予防効果は下がった。

そこでNECは突起《とっき》以外のウイルスたんぱく質もすべて抗原《こうげん》の候補《こうほ》とし、変異《へんい》しやすいものを除《のぞ》く戦略をとった。さらに、ウイルスが感染《かんせん》した細胞《さいぼう》を殺すなどの「細胞性免疫《さいぼうせいめんえき》」を効率的に働かせる方法を探《さぐ》る。

アメリカのウォルターリード陸軍研究所は、「フェリチンナノ粒子《りゅうし》（FN）ワクチン」を開発する。サルの実験で、重症急性呼吸器症候群《じゅうしょうきゅうせいこきゅうきしょうこうぐん》（SARS《サーズ》）のコロナウイルスや新型コロナの変異株《へんいかぶ》に対する予防効果を確認《かくにん》。臨床《りんしょう》研究にも着手した。

フェリチンは、ボールのような構造のたんぱく質で、大きさも形も本物のウイルス粒子《りゅうし》に似ている。さらにウイルスが細胞《さいぼう》に感染《かんせん》する際に使う突起《とっき》もつけた。

弘前《ひろさき》大学の森田英嗣准《もりたえいじじゅん》教授（ウイルス学）は「安定したたんぱく質で、しかもウイルスそっくりな形。長い時間、非常に効率よく免疫《めんえき》を働かせることができる」と利点をあげる。

大阪《おおさか》大免疫《めんえき》学フロンティア研究センターでは、新型コロナウイルスの突起《とっき》たんぱく質に注目した。変異《へんい》しにくい部分は、類縁《るいえん》ウイルスとの共通性が高いと考えた。

そこで、変異《へんい》しにくい部分にくっつく中和抗体《こうたい》ができるようにした。様々なコロナウイルスの個性ではなく、共通点を狙《ねら》い撃《う》ちにする作戦だ。

期待がかかる万能ワクチンだが、すぐに実現できるかはわからない。新型コロナの次の変異株《へんいかぶ》には間に合わなくても、別のコロナウイルスによる次のパンデミックに備えるための、選択肢《せんたくし》として注目される。

国内の死者数の累計

朝日新聞の集計による。2022年5月13日現在

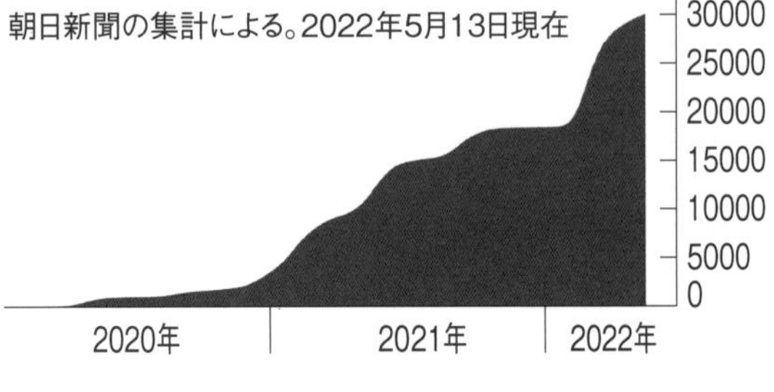

コロナウイルスの万能ワクチン

今のワクチン

- 流行初期の新型コロナウイルスを元に作製
- 変異《へんい》が多くなると対応できない

↓

万能ワクチン

- **様々な変異《へんい》ウイルスや類縁《るいえん》のコロナウイルスにも効果**

（ナノ粒子《りゅうし》を使ったり、変異《へんい》しない部分を抗原《こうげん》にしたりする）

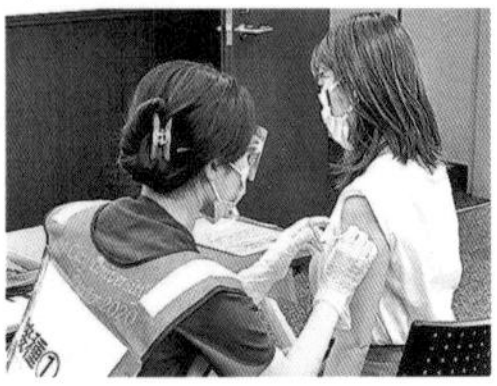

新型コロナウイルスのワクチン接種を受ける医療従事《いりょうじゅうじ》者

▲フェリチンたんぱく質のナノ粒子《りゅうし》のイメージ。表面にさまざまなウイルスの部品をくっつけてワクチン開発ができる＝弘前《ひろさき》大学の森田英嗣准《もりたえいじじゅん》教授提供《ていきょう》

外来棟《とう》感染《かんせん》、ロボットで防げ

新型コロナウイルス感染《かんせん》から患者や医療《いりょう》関係者を守ろうと、宮崎《みやざき》大学医学部付属病院（宮崎《みやざき》市）は、紫外線《しがいせん》を照射《しょうしゃ》する自走式ロボットで外来棟《とう》を除菌《じょきん》する取り組みを始めた。感染《かんせん》防止はどの医療《いりょう》機関でも難題《なんだい》だが、外来棟《とう》という広い範囲《はんい》の除菌《じょきん》にロボットを活用するのは珍《めずら》しいという。

ロボットはデンマーク製で高さ約180cm、重さ120kg。2022年１月に導入し、外来棟《とう》で４月から使い始めた。外来棟《とう》１～３階の廊下《ろうか》や待合スペースなどを動き回り、空間全体を除菌《じょきん》する。ルートは事前に入力し、階を移るときだけ人が操作《そうさ》する。照射《しょうしゃ》中に人が約10m以内に近づくと自動停止するなど、安全面にも配慮《はいりょ》されている。

このロボットは４月末現在、国内約20カ所の医療《いりょう》機関に導入されている。病室の除菌《じょきん》作業などに使われる例がほとんどで、宮大病院のように広い範囲《はんい》で使われるのは初めてだという。

深夜、除菌《じょきん》作業をする紫外線照射《しがいせんしょうしゃ》ロボット＝宮崎《みやざき》市
©宮崎大学医学部付属病院

コロナ禍のトイレットペーパー不足 本当の原因、ツイッターを分析《ぶんせき》

トイレットペーパーなどが在庫切れになった商品の陳列棚《ちんれつだな》＝2020年３月、山梨《やまなし》県甲府《こうふ》市

新型コロナウイルスの拡大《かくだい》初期にトイレットペーパーが品薄《しなうす》になったのは、「店頭から無くなる」とのデマが原因ではなく、むしろデマに注意を呼《よ》びかける情報がＳＮＳで広まったため、らしい。450万件のツイッターの投稿《とうこう》を分析《ぶんせき》した東京大学などのグループが、科学誌《し》で発表した。

コロナ禍《か》による品薄《しなうす》のうわさが広がった2020年２～３月に投稿《とうこう》された、「トイレットペーパー」などの単語を含《ふく》むツイート（投稿《とうこう》）を収集《しゅうしゅう》。リツイート（拡散《かくさん》）された回数が多い約1900件について内容をチェックし、誤《あやま》った情報で買いだめを助長する「誤報《ごほう》ツイート」▽誤報《ごほう》に反論《はんろん》する「訂正《ていせい》ツイート」▽実際に売り切れが起きていることを知らせる「売り切れツイート」など、五つに分類した。

誤報《ごほう》ツイートが拡散《かくさん》された回数は、計582回。一方で訂正《ていせい》ツイートは、その600倍超《ちょう》にあたる35万7千回も拡散《かくさん》されていた。売り切れツイートは7万3千回だった。閲覧《えつらん》された回数も、訂《てい》正《せい》ツイートのほうが誤報《ごほう》ツイートより推定《すいてい》で460倍多かった。

供給《きょうきゅう》不足に関する「デマ」の存在《そんざい》を知った人が、自分はそれを信じなくても、「他人は信じるかもしれない」と心配して買いだめに走るケースが多かったとみられる。

注目のメタバースとは

メタバースとは「メタ（超越《ちょうえつ》した）」と「ユニバース（宇宙《うちゅう》）」を組み合わせた造語でインターネット上につくられた仮想空間のこと。一般《いっぱん》にユーザーはＶＲゴーグルなどを使い、自分の分身として動くキャラクター「アバター」となって空間に入り、他のアバターと交流し、買い物や仕事もできる。

2021年10月、アメリカＩＴ大手のフェイスブックが社名を「メタ」に変更《へんこう》、今後はメタバース分野に注力すると明らかにし、一気に注目が集まった。オンラインゲームの世界などではメタバース的なコミュニケーションは以前から行われていたが、コロナの拡大《かくだい》で、リモートを中心とした新しい生活様式が広がったことやデジタルネイティブの20代から30代のZ世代が積極的に活用していることが普及《ふきゅう》の追い風になっている。

いまの技術では、視覚《しかく》や聴覚《ちょうかく》の体験に重きがおかれるが、技術開発がさらに進めば、触覚《しょっかく》や嗅覚《きゅうかく》も共有できるようになり、リアルとほぼ変わらない体験ができるようになるとの見方もある。

韓国《かんこく》のロッテは、仮想空間でライブや買い物が楽しめるサービスのデモをデジタル見本市「CES」で公開した＝2022年１月、ラスベガス

大阪《おおさか》万博予定地に絶滅危惧《ぜつめつきぐ》種が繁殖《はんしょく》

2025年の大阪《おおさか》・関西万博会場予定地の人工島「夢洲《ゆめしま》」で進む地盤《じばん》改良工事によって、湿地《しっち》や砂利《じゃり》に生息する絶滅危惧《ぜつめつきぐ》種の野鳥などのすみかが脅《おびや》かされている。保全策《さく》を求めてＮＧＯから大阪《おおさか》市への要望書が相次いで出されたほか、住民監査請求《かんさせいきゅう》もなされた。

大阪湾《おおさかわん》にある夢洲《ゆめしま》のヨシ原や湿地《しっち》、砂利《じゃり》の裸《ら》地《ち》には、野鳥や植物による生態系《けい》が形づくられてきた。野鳥約100種が確認《かくにん》され、絶滅危惧《ぜつめつきぐ》種のセイタカシギやコアジサシの繁殖《はんしょく》も観察されている。大阪《おおさか》府が選出した「生物多様性ホットスポット」で最も高い多様性があるとされる16カ所しかないＡランクの一つ。

だが、万博施設《しせつ》の建設に向けた地盤《じばん》改良工事や埋《う》め立《た》てが進み、湿地《しっち》をコンクリートで固める工事が予定される。万博に向けた工事と環境《かんきょう》の保全は両立するのか。保護を求める団体らは懸念《けねん》を示している。万博はSDGs《エスディージーズ》（国連持続可能な開発目標）を達成する社会を目指すことをうたっているが、整合性がとれていない状態が続いている。

大阪湾《おおさかわん》の人工島「夢洲《ゆめしま》」（手前）。左側から手前が予定地＝2022年４月

雨水の恵《めぐ》み、実用化へ　ドリンク販売《はんばい》も計画

雨水の水資源《しげん》としての活用を研究する福井《ふくい》工業大学の笠井利浩《かさいとしひろ》教授（サステイナビリティ学）の研究室は、雨水ドリンクの実用化に取り組む。今年の梅雨時期に雨を採取して製造し、初めて販売も計画《けいかく》している。

笠井《かさい》教授は、地球温暖《おんだん》化の影響《えいきょう》で渇水《かっすい》になったり、大地震《おおじしん》などの災害で水道施設《しせつ》が使えなくなったりした場合でも、雨水を利用することで、防災力の向上につながる研究に取り組む。

2021年６月、キャンパス内で雨水300リットルを採取。福井《ふくい》市内の清涼飲料水《せいりょういんりょうすい》メーカーの協力で、国内で初めての雨水のサイダーとソーダ（炭酸水）を試験的に製造した。水質は食品衛生法に基づく45項目《こうもく》の基準を全てクリア。販売《はんばい》可能な品質で製造できる工程を確立した。

笠井《かさい》教授は「SDGs《エスディージーズ》の目標にも深く関連している取り組み。多くの企業《きぎょう》に参画していただき、雨水利用を身近に感じてもらえれば」と話す。

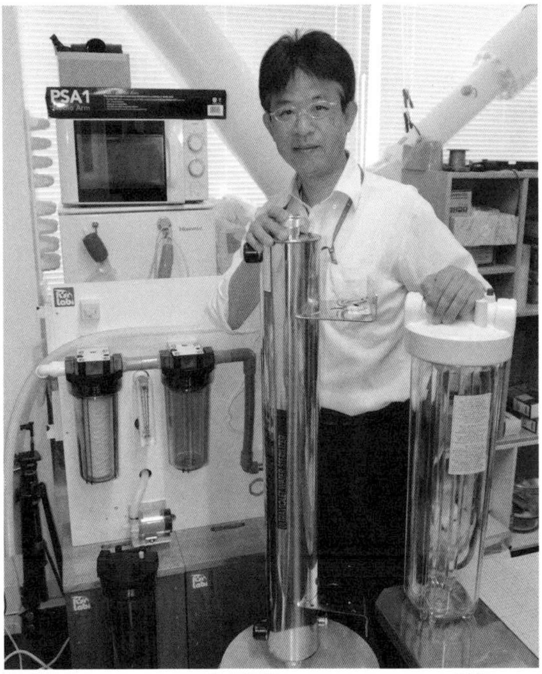

浄化装置《じょうかそうち》の準備を進める笠井利浩《かさいとしひろ》教授＝2022年５月、福井《ふくい》市

「宇宙《うちゅう》コース」新設高校で講座《こうざ》

2024年度に「宇宙探究《うちゅうたんきゅう》コース」が新設される和歌山県立串本古座《くしもとこざ》高校で５月11日、初めての「宇宙講座《うちゅうこうざ》」が開かれ、1年生約50人が学んだ。全国で初めて、公立高校で宇宙専門《うちゅうせんもん》のコースを設置する同校では、2022年度入学生から授業の1コマの「総合的な探究《たんきゅう》の時間」で、宇宙《うちゅう》に関連した学習を取り入れることにしている。

串本古座《くしもとこざ》高校で開かれた「宇宙講座《うちゅうこうざ》」＝2022年５月、和歌山県串本《くしもと》町

今回の講座《こうざ》には、民間からは初めて国際宇宙《うちゅう》ステーション（ISS）の日本実験棟《とう》「きぼう」の運用を指揮《しき》するフライトディレクターを務めた土田哲《つちだあきら》さんが、「宇宙《うちゅう》におけるコミュニケーションスキル」をテーマに話した。ISSでの宇宙《うちゅう》飛行士の生活などを紹介《しょうかい》した。

５月末には大分県でも2024年度から県立国東《くにさき》高校（国東《くにさき》市）に「宇宙《うちゅう》に関するコース」を新設することが発表された。今後も宇宙《うちゅう》を学ぶ場が増えていきそうだ。

PHOTOS

報道写真

朝日新聞の
記事と写真で見る
科学ニュース

科学の世界へようこそ

科学は宇宙《うちゅう》を目指す

2022年、民間だけによる宇宙《うちゅう》旅行が実現し、アメリカや中国など各国が再び人類を月面に立たせることを競い合っている。日本の科学技術も宇宙探査《うちゅうたんさ》に重要な役割《やくわり》を果たしている。

人類が再び月を目指して飛び立とうとしている。日本も参加を決めたアメリカ航空宇宙《うちゅう》局（NASA《ナサ》）の「アルテミス計画」は、アポロ計画から半世紀ぶりとなる有人月探査《たんさ》。重要な役《やく》割《わり》を果たすのが、スペースシャトルの後継《こうけい》となる新しい大型ロケット「SLS」と新型宇宙船《うちゅうせん》「オリオン」だ＝2022年3月、アメリカ・フロリダ州ケネディ宇宙《うちゅう》センター　©NASA

地球から129億光年向こうにある星「エアレンデル」（写真左の矢印の先）を観測することに、千葉大学などの国際研究チームが成功した。宇宙誕生《うちゅうたんじょう》から約９億年しかたっていない初期の星で、これまでに見つかった最遠の星より約40億光年も遠いという。周りの点や線は、ある銀河のエアレンデル以外の天体が重力レンズ効果で引《ひ》き伸《の》ばされたもの。撮影《さつえい》にはハッブル宇宙《うちゅう》望遠鏡（写真上）が使われた　©ＮＡＳＡなど

高度25～30kmの成層圏《せいそうけん》まで人を乗せた気球を飛行させる気軽な「宇宙《うちゅう》観光」を札幌《さっぽろ》市の企業《きぎょう》が計画している。実現すれば１人800万円程度で宇宙《うちゅう》から地球を眺《なが》められるそうだ。写真は滑《かっ》走《そう》路上で、ヘリウムガスを入れた気球を空に放つ作業をするスタッフたち＝2022年５月、北海道大樹《たいき》町

アメリカの宇宙《うちゅう》企業《きぎょう》アクシオムスペースが企画《きかく》した民間企業《きぎょう》初の国際宇宙《うちゅう》ステーション（ＩＳＳ）旅行をした宇宙船《うちゅうせん》が無事に帰還《きかん》した。チケットは１席5500万ドル（約70億円）で３人が宇宙《うちゅう》で17日間過ごした＝2022年４月、アメリカ・フロリダ沖《おき》＝アクシオムスペースのライブ中継《ちゅうけい》から

科学で感染症《かんせんしょう》と闘《たたか》う

新型コロナウイルスの感染《かんせん》は徐々《じょじょ》に減少傾向《けいこう》にあるものの、次々と変異《へんい》するウイルスとの闘《たたか》いはいまだ一進一退の状況《じょうきょう》だ。コロナのほかにも心配な感染症《かんせんしょう》が登場している。

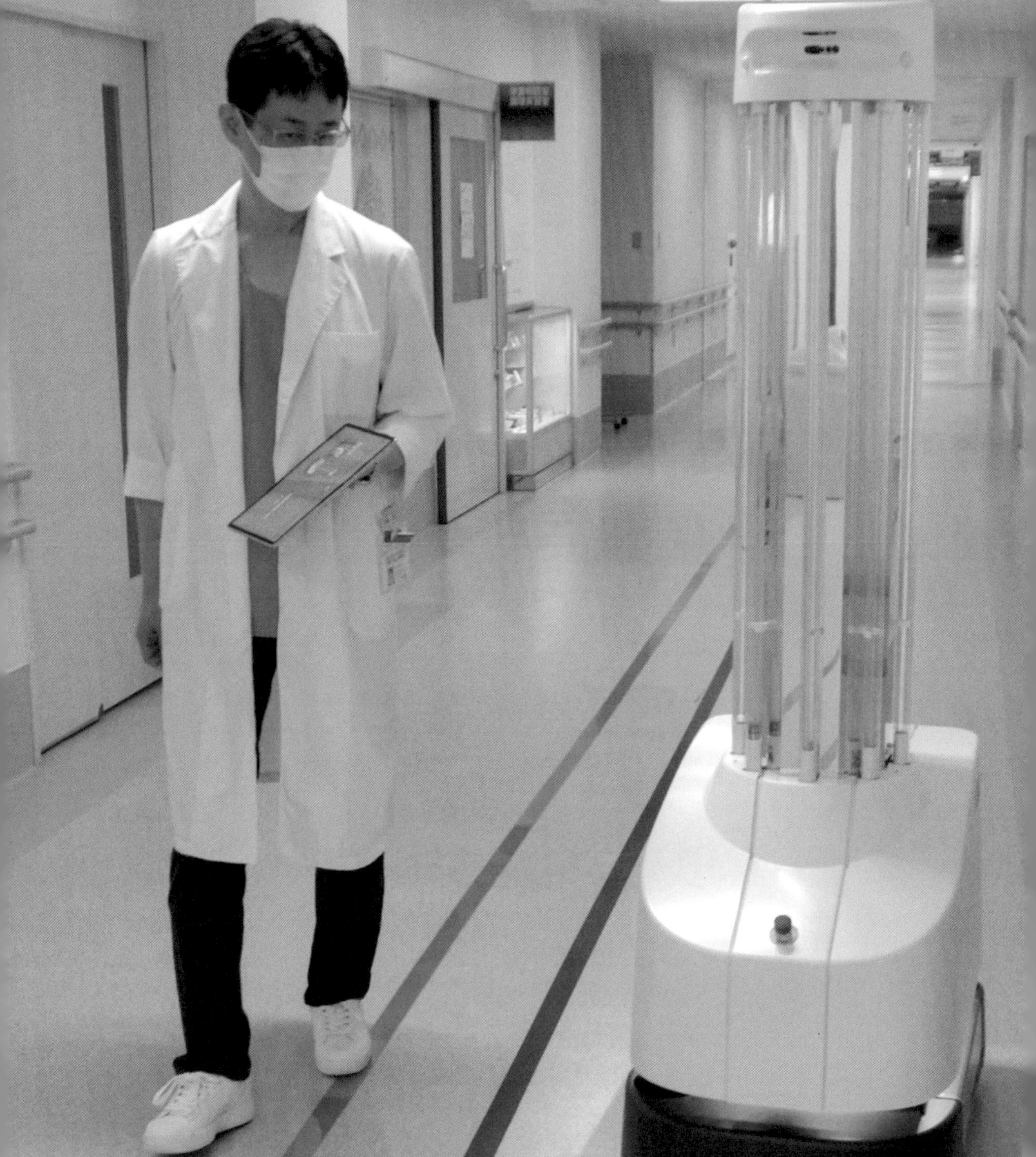

宮崎大学《みやざきだいがく》医学部付属病院では、新型コロナウイルス感染《かんせん》から患者《かんじゃ》や医療《いりょう》関係者を守るため、紫外線《しがいせん》を照射《しょうしゃ》する自走式ロボットが外来棟《とう》を除菌《じょきん》している＝2022年5月、宮崎《みやざき》市

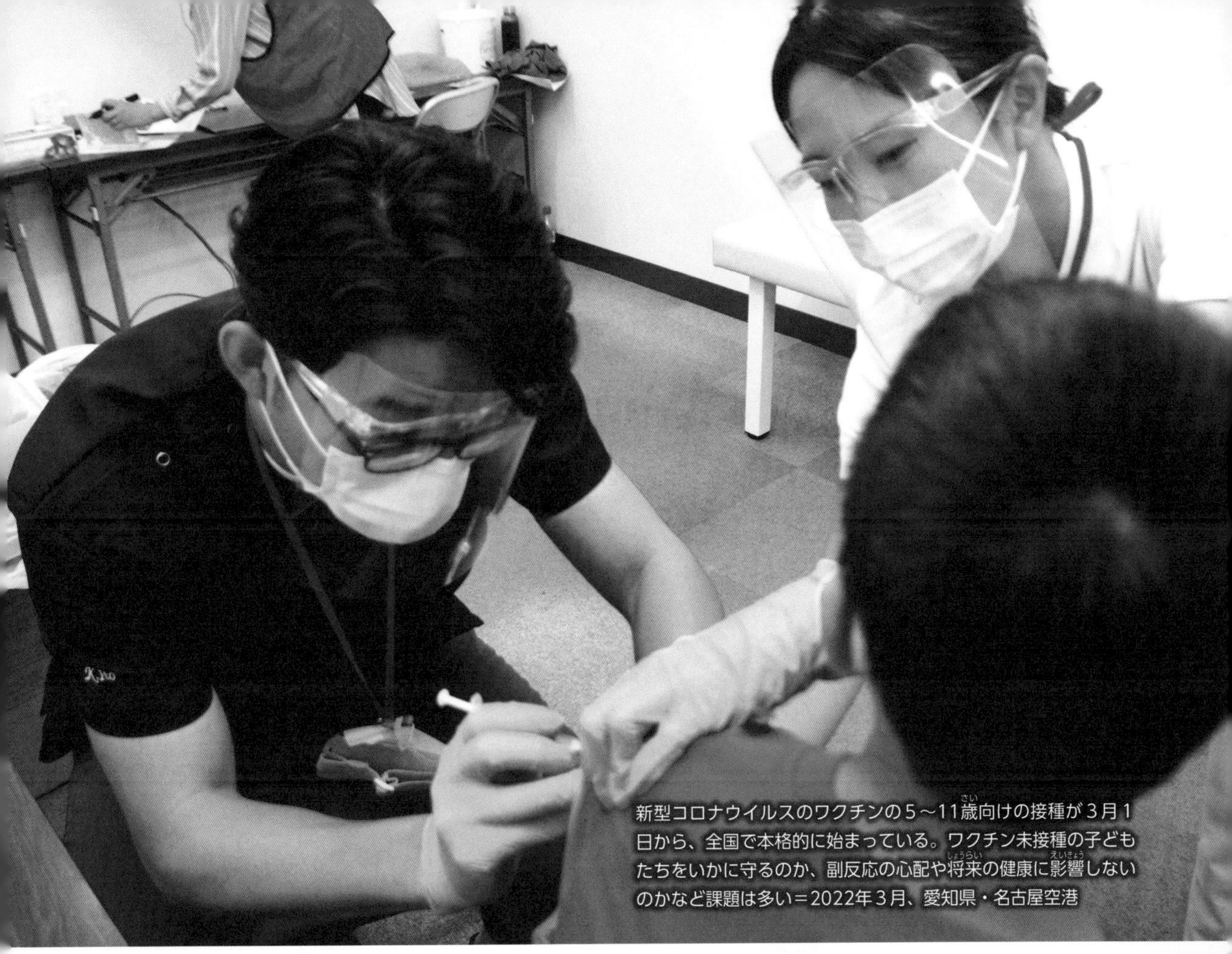

新型コロナウイルスのワクチンの５～11歳《さい》向けの接種が３月１日から、全国で本格的に始まっている。ワクチン未接種の子どもたちをいかに守るのか、副反応の心配や将来《しょうらい》の健康に影響《えいきょう》しないのかなど課題は多い＝2022年３月、愛知県・名古屋空港

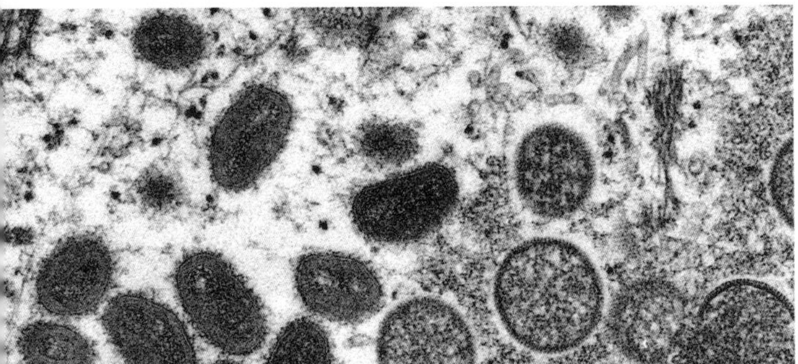

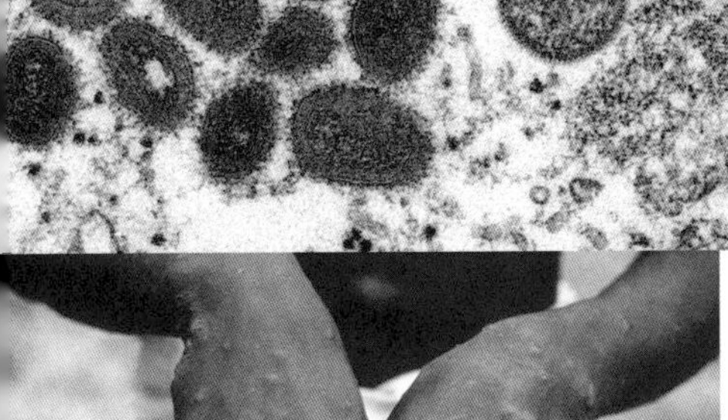

ヨーロッパを中心に天然《てんねん》痘《とう》に似た「サル痘《とう》」の報告が相次いでいる。患者《かんじゃ》がふだん出ていなかった国で確認《かくにん》され、感染拡大《かんせんかくだい》が心配されている。写真左はコンゴで確認《かくにん》されたサル痘患者《とうかんじゃ》の手。発疹《はっしん》が出ている。写真上はサル痘《とう》ウイルスの電子顕微鏡《けんびきょう》画像　©アメリカ疾病対策センター（CDC）

福岡《ふくおか》の街に初夏の訪《おとず》れを告げる「博多どんたく港まつり」で、新型コロナウイルスの影響《えいきょう》で中止されていた目玉のパレードが３年ぶりに開催《かいさい》され、約40万人が来場した。マスクに切れ目を入れて楽器を演奏《えんそう》する音楽隊員の姿《すがた》もあった。子どもの教育現場などでもマスク着用の継続《けいぞく》について議論《ぎろん》が交わされている＝2022年５月、福岡市《ふくおか》

科学の世界へようこそ

科学の力で SDG s《エスディージーズ》達成を

SDG s《エスディージーズ》（持続可能な開発目標）の達成には科学の力が欠かせない。エネルギー問題などを解決するため最先端《さいせんたん》の科学が研究されている。

東日本大震災《だいしんさい》で津波《つなみ》の被害《ひがい》にあった南相馬市の海岸沿《ぞ》いに発電用の風車が立ち、太陽光パネルが並《なら》ぶ。経済《けいざい》産業省の電力調査統計によると、福島県は2020年４月、太陽光発電の能力で都道府県別１位に立った。風力は8位だ。同県は「再生可能エネルギー100％」の2040年の実現をめざしている。だが、開発を巡《めぐ》ってトラブルが相次ぎ、周辺の人家や田んぼに被害《ひがい》が及《およ》んだ地域《ちいき》もあり課題も多い＝2021年２月、福島県南相馬市

こちらの田《た》んぼでは
『微生物発電《びせいぶつはつでん》』の実証試験中《じっしょうしけんちゅう》です。
田《た》んぼの中《なか》にいる微生物《びせいぶつ》の力《ちから》を活用《かつよう》して
電気《でんき》を作《つく》り出《だ》す実験《じっけん》を行《おこな》っています。
株式会社 鳥取再資源化研究所
(協力:鳥取市)

持続可能なまちづくりを進める「ＳＤＧｓ《エスディージーズ》未来都市」に国から選ばれた鳥取市。産学官の連携《れんけい》による「自然エネルギーの創出《そうしゅつ》と活用による農村イノベーション」の実現を掲《かか》げており、重要な事業の一つとなる微《び》生物《せいぶつ》発電の実用化を目指した実証実験が、市内の耕作放棄《ほうき》地で進められている＝2021年６月、鳥取市

これまでほとんどが焼却処分《しょうきゃくしょぶん》されてきた枝などの植物ごみを燃料として活用しようと、2022年春から専用《せんよう》の施設《しせつ》が稼働《かどう》した。地《ち》域《いき》の植物資源《しげん》でできた燃料を使って地域《ちいき》の発電を行う「エネルギーの地産地消」が目標という＝2021年12月、千葉市

17のゴール

オンラインでＳＤＧｓ《エスディージーズ》の基礎《きそ》知識を学ぶ小学６年生たち。モニター画面で様々な画像が流れ、「格差をなくす」「地球環境《かんきょう》を守る」などＳＤＧｓ《エスディージーズ》が目指す目標についてクイズを交えた解説があった＝2021年10月、奈良《なら》県生駒《いこま》市

科学の世界へようこそ

科学を楽しむ

科学は人間の可能性を広げてくれる。科学により生み出される未来につながる発明もあれば、はるか太古の地球の姿《すがた》をいまを生きる人たちに知らせてくれるのも科学だ。

日本の地名が初めて地質時代の名前「チバニアン（千葉時代）」になるきっかけとなった約77万年前の地層《ちそう》に、国際標準の証しである「ゴールデンスパイク」が設置された。記念式典が行われ、関係者らが現地を訪《おとず》れた＝2022年５月、千葉県市原市

eスポーツと教育を結びつける取り組み「教育eスポーツ」が注目されている。プログラミングや数学的思考力が身につくということで、アメリカが先進的に取り組んでおり、日本でもプロのeスポーツ選手などを講師に呼《よ》んで授業に採り入れる学校が増えてきた。写真は人気ゲーム「ぷよぷよ」で対戦する生徒たち＝2021年12月、群馬県太田市

アルゼンチンの約9千万年前の白亜紀《はくあき》の地層《ちそう》から、翼《つばさ》を広げた大きさが9mに達したとみられる巨大翼竜《きょだいよくりゅう》の新種の化石が見つかった。南アメリカでは最大の翼竜《よくりゅう》といい、研究チームはギリシャ語で「死の竜《りゅう》」などを意味する「タナトスドラコン・アマル」という名前をつけ、学術誌《し》に発表した。写真は世界最大級の翼竜《よくりゅう》ケツァルコアトルスの復元骨格《こっかく》（手前）。今回見つかった新種は、この翼竜《よくりゅう》の仲間と考えられている

大阪《おおさか》大学の研究者が、昆虫《こんちゅう》の生態を詳《くわ》しく調べるため、錯覚《さっかく》に陥《おちい》らせる昆虫専用《こんちゅうせんよう》のVR装置《そうち》を開発。写真は昆虫《こんちゅう》のカイコガのオス（中央）のためにつくられたVR空間。ただようメスのフェロモン（匂《にお》い）や風向、LEDライトの明滅《めいめつ》を頼《たよ》りに、オスは出会いを求めて一目散に歩く。その足元では白い球体がくるくる回るだけで、出会いはいつまでも訪《おとず》れない＝2022年５月、大阪《おおさか》府豊中市の大阪《おおさか》大学

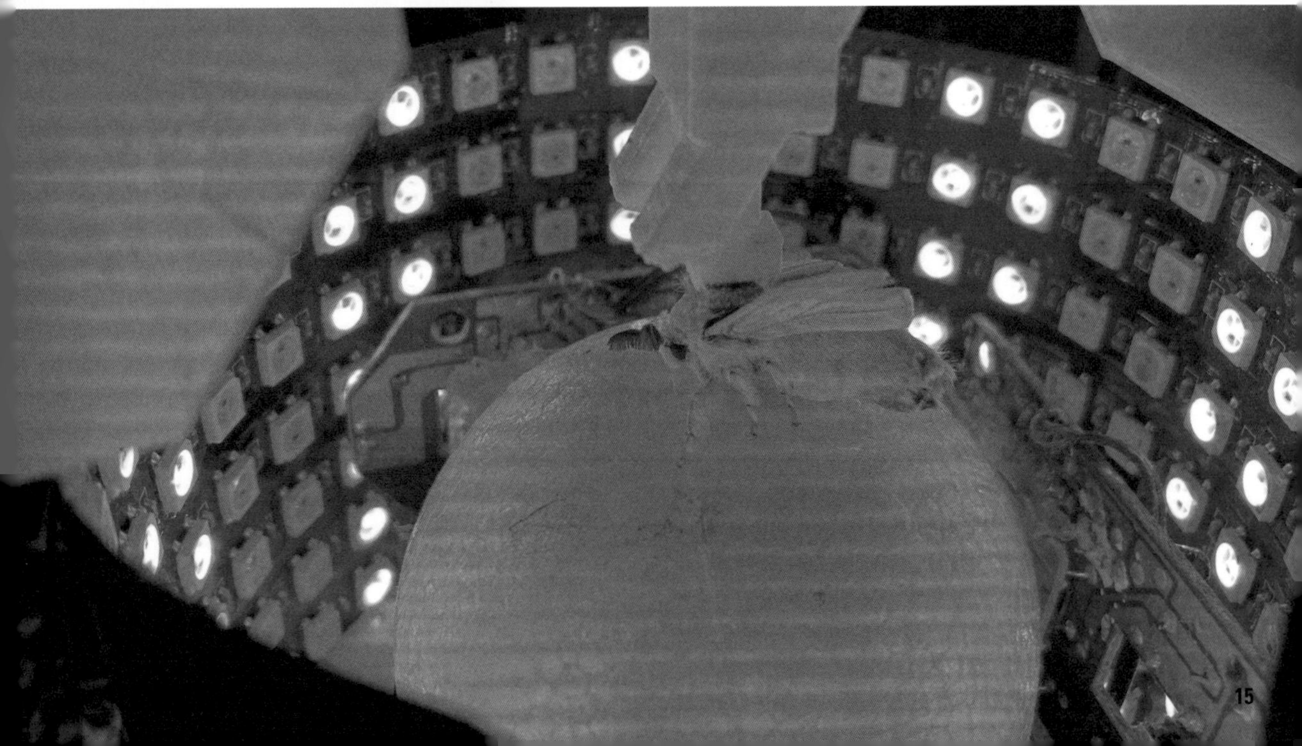

MANGA de SCIENCE

イマトキ教室 イマサラ編

イマサラがいるところ我《われ》らあり！
ゴムゴムュ
えんぴつパイセン

今回は……

相対性理論《そうたいせいりろん》とかのイマサラだ！

イマサラだれにも聞けない、サイエンスにまつわるあんなコト、こんなコトをこっそり知ることができるマンガだよ～。ペンケースに潜《ひそ》むナビゲーターのえんぴつパイセンと色つき消しゴムの精ゴムゴムュが、知って得する情報を紹介《しょうかい》します。マンガ：甘夏柑子《あまなつかんこ》

イマサラ小学校
じゃーね、
バイバーイ
フッ……
一つの恋《こい》が
昨日終わった……
イマサラ小学校4期卒業生
タイムカプセル
今回のイマサラ
２年間付き合っていたカノジョ・さやぷーと破局したばかりの中学１年生
小５、小６とさやぷーと共に過ごした日々をオレは決して忘《わす》れない！
ともだちにもどりましょ
うう…
さやぷ～
心の傷《きず》は一晩《ひとばん》寝《ね》たら癒《い》やされたぜ！
しかし
アレだけは!!
ガッ

卒業の時　クラスで埋《う》めた
タイムカプセルから
アレだけは取《と》り戻《もど》さなければ!!
アイするさやぷーへ
LOVE
10年後のさやぷー
結婚してるかい？　もうオレと
ゼッタイお前を~~来~~幸せにするぜ！
10年後も変わらぬアイをちかう
10年後　さやぷーに
読まれては　めちゃマズイ！
ザクッ…
タイムカプセル
のカギは10年後
の家の金庫で
保管中！
そういや
そうだったー!!
うおおお
あー！
タイムマシンで
あの日に戻《もど》りたーい!!
タイムマシン
なら……
相対性理論《そうたいせいりろん》※の
チカラを使えば
つくれるヨ！
えんぴつパイセン
ナビゲーター
ゴムゴムュを尊敬《そんけい》♡
ゴムゴムュ
えんぴつパイセンの
パートナー　超絶理系脳《ちょうぜつりけいのう》
イマサラ 1
科学の常識を
覆《くつがえ》した
相対性理論《そうたいせいりろん》
とは!?
埋《う》めちゃんと直《なお》しとくんだぞ!!
ウッス…

※特殊相対性理論《とくしゅそうたいせいりろん》について単純《たんじゅん》化して説明します。

相対性理論《そうたいせいりろん》は天才物理学者のアインシュタインが発見したんだヨ
相対性理論《そうたいせいりろん》とは光の速度と同じくらいの高速の世界では時間がゆっくり進むという偉大《いだい》な発見なのだ！
アインシュタイン
ドイツ出身の物理学者（1879～1955）。1905年に「特殊相対性理論《とくしゅそうたいせいりろん》」、1915～16年に「一般相対性理論《いっぱんそうたいせいりろん》」という考えを発表。この二つの考えは、あわせて「相対性理論《そうたいせいりろん》」と呼《よ》ばれる
ソータイセー？
パイセン光速※で15分動いて！
よーい……
ゴムゴムュ
00:00
00:00
パイセン
スタート！
カチッ
シュン
わっ
パイセン15分後
ピタ
カチ
遅《おそ》いよぉ何分走ってんだよー
ブーブー
これを見て
おっ!?時間が違《ちが》う!?
パイセン15分経過
60:00
15:00
ゴムゴムュ60分経過
つまりこういうことだ！
相対性理論《そうたいせいりろん》が発見されるまでは
1秒間　1分間　1時間などの時間の長さは変わることがなく　だれに対しても同じように流れる絶対的なものだと考えられていた……
時速10km
時速10km
10 + 10 ＝時速 20km
時速 10km の自転車どうしがすれ違《ちが》うとお互《たが》いに相手が時速 20km で走っているように見える

※光速＝光の速さのこと。光は宇宙《うちゅう》で移動する物質の中でもっとも速く、秒速約30万㎞。1秒間に地球を7周半できる速さだ！

でも本当は、変わらないのは
時間の長さじゃなくて、光の速さなんダ
光はどんな場合でも絶対に秒速30万kmで
進んでいるんだヨ♥
30万＋30万
＝秒速60万km
にならないよ！
秒速
30万km
秒速
30万km
光と光がすれ違《ちが》っても
相手は秒速30万kmで
進んでいるように見える
そして光の速さに
近づけば近づくほど
時間の進み方は遅《おそ》くなる！
イエーイ！
これぞ
アインシュタインが
発見した
相対性《そうたいせい》理論《りろん》だ！
動いていると
時間が遅《おそ》く進む？
オレには信じられない
なぁ
たとえば時速300kmの新幹線に
２時間乗ると
止まっている人に比べて
100億分の３秒ほど
時間が遅《おそ》くなっているんだヨ
日常でも
起きてるヨ！
100億分の3秒……？
この光の不思議な
現象と法則を使えば
タイムマシンは
理論《りろん》的には
つくれる！

イマサラ 2
つくれる！未来行きタイムマシン
これで10年間宇《う》宙《ちゅう》旅行へ行ってらっしゃーい！
ドューーン
未来に行くタイムマシンは光の速さの99%のスピードで飛べるロケットをつくればいい
おおっ
よし 10年後にタイムカプセルを開けた瞬間《しゅんかん》手紙を奪《うば》い取《と》るぞ
12歳《さい》のイマサラ
2022年の地球を出発
光速の99%の速さのロケット内の時間で10年経過
2092年の地球に到着《とうちゃく》
22歳《さい》ちょっと※のイマサラ
ただいまっ
あらぁ～ずいぶんとお久しぶりね
相変《あいか》わらずカッコつけてるわね
さやぷー？どゆこと？オレ10年後の未来に来たんじゃ……
82歳《さい》のさやぷー
ウフフ…
タイムカプセルに入ってたあなたのプロポーズのレターまだ持っているわ
アイするさやぷーへ
10年後のさやぷー、もうオレと結婚してるかい？
ゼッタイお前を幸せにするぜ！
10年後も変わらぬアイをちかう…

※22歳《さい》ちょっと：地球で70年経った時、ロケット内の時間は10年ピッタリではなく、ちょっとだけ長くなる。

なんでお前
60年前のオープニング
セレモニーに
来なかったんだ？
ぞろぞろ
同級生たち
ホホホ…
恥《は》ずかしかったのか？
ん～？
だからぁ　相対性理論《そうたいせいりろん》によって
ロケット内の時間の流れは
地球より遅《おそ》くなったんだヨ！
未来《みらい》行き大成功《だいせいこう》♡
で　地球はキミが出発した
時点から70年経っていて
キミは差し引き
60年後の未来に来た
ことになるヨ！
光に近い速さが
出せるロケットが
開発されれば……
イエーイ
理論《りろん》的には
未来へ行くことは
可能だヨ！
思ってたのと違《ちが》う……
手《て》紙《がみ》よまれちまったし…
オレ納得《なっとく》できないよ
未来行きタイムマシン！
やっぱ行くなら過去っしょ
過去！
過去行き
タイムマシンねぇ
むう～
未来行きほど
簡単《かんたん》ではないのだ

イマサラ 3
激《げき》ムズ！過去行きタイムマシン

いちばん可能性が高いのは
ワームホール型
タイムマシン
かナ
ワームホールとは
異《こと》なった二つの
時間と空間を
つなぐトンネルだ
現在のところ発見されて
いないのだが
相対性《そうたいせい》理《り》論《ろん》上は
あるといわれている！
じゃぁ　さっそく
つくってみよう！
さやぷー 12 歳《さい》
イマサラ 12 歳《さい》
①地球のそばに
ワームホールを
見つける！
2022 年
②イマサラ、出入り口
△を光速の 99％のス
ピードで飛ぶロケット
に乗せて動かす
※絵はイメージです
出入り口△では
地球より時間が
ゆっくり進むぞ！
ただいま
イマサラ
22 歳《さい》ちょっと
③ロケット内の時間で 10 年後
出入り口△を出入り口○のそばに戻《もど》す
おかえりー
2092年
さやぷー 82 歳《さい》
④ 82 歳《さい》のさやぷーが出入り
口●から出入り口▲へとトン
ネルを抜《ぬ》けると……
そこは 60 年前
の世界！
2032年
過去へのタイムトラベル
大成功！（さやぷーがネ）
でも③より過去には
行けないけどネ！
ざっけんなー！
結局オレのラブレターは
さやぷーに読まれちゃうん
じゃないか!!
我々《われわれ》はタイムマシンの
つくりかたを説明しただけだ……

そうだ！
タイムトラベルは
タイムパラドックス的には
よくないって言われてるん
だっけ？
よく思い出した
ゴムゴムュ！
タイムパラドックスとは
タイムトラベルによって
生まれる矛盾《むじゅん》(パラドックス)
のことだ
タ……
タイパラ……？
たとえば……
ぎゅーむっ
キュ〜
過去にタイムトラベルしたキミが
人類の祖先となるはずだった
生き物を踏《ふ》んで死なせたとしよう
きょうりゅうだー！
そうすると
人類は誕生《たんじょう》しない
ことになるよネ？
人類がいないのに
だれが人類の祖先を殺したのか?
理論《りろん》的に矛盾《むじゅん》している！
これが
タイムパラドックス!!
このようにタイムトラベルは
時間や歴史に影響《えいきょう》を与《あた》えかねない
やっかいな問題をかかえているヨ
だからタイムトラベルは
できないという研究者もいる!
で
オレの例のアレ
結局どうしたら取《と》り戻《もど》せんの？
未来はこれから！
さやぷーと元サヤに
収《おさ》まる可能性もあるし
幸せを祈《いの》るヨ！

えんぴつパイセンとゴムゴムュの次のイマサラをお楽しみに！

EYES

記者の視点

SDGs《エスディージーズ》を使いこなそう

SDGs《エスディージーズ》という言葉を耳にする機会が増えていませんか？ SDGs《エスディージーズ》は、英語のSustainable（サステイナブル）Development（ディベロップメント）Goals（ゴールズ）の略で、日本語では「持続可能な開発目標」と訳《やく》されています。2015年、国連に参加するすべての国が賛成して作った世界共通の目標です。

朝日新聞編集委員　北郷美由紀《ほくごうみゆき》

世界の国々が協力して何に取り組むのでしょうか？まとめて言うと、ひとつは開発途上国《かいはつとじょうこく》に住む人たちの暮《く》らしを良くすることです。もうひとつは、日本をはじめとする先進国での経済《けいざい》活動と社会のありようを、地球の環境《かんきょう》をこれ以上損なわないものに変えていくことです。そのために2030年を期限とする17分野の目標が掲《かか》げられており、目標ごとの小目標（ターゲット）が合わせて169もあります。

ではどんな目標があるのか、見ていきましょう。目標1は「貧困《ひんこん》をなくそう」です。極度の貧困《ひんこん》状態と定義される、1日に使えるお金が1.9ドル（約220円）に満たない暮《く》らしをする人たちをなくそうとしています。これまで順調に減り続けていたのですが、新型コロナウイルスの世界的な感染拡大《かんせんかくだい》で増えてしまいました。国連の報告によると、コロナ前に6億8900万人だったのが、最大で1億2400万人も増えたそうです。このままでは2030年になっても6億人が極度の貧困《ひんこん》から抜《ぬ》け出せないと予測されています。

それぞれの国における貧困《ひんこん》を半分に減らすことも目標です。日本では、税金などを払《はら》った後の収入《しゅうにゅう》が122万円に満たない「相対的貧困《ひんこん》」の改善《かいぜん》がそれにあたります。17歳《さい》以下の子どもの場合、7人に1人がそうした状況《じょうきょう》にあります。「子どもの貧困《ひんこん》」と呼《よ》ばれる問題で、対策《たいさく》が急がれています。そうした子どもたちは、給食が一番のごちそうだったり、習い事や塾《じゅく》には通えなかったりします。部活動に必要なお金を払《はら》う

支援《しえん》食料を受け取るアフリカ·南スーダンの難民《なんみん》＝2020年11月

貧困《ひんこん》と飢餓《きが》の現状

国連「持続可能な開発目標2021」から。朝日新聞訳《やく》

目標1 貧困をなくそう

1億1900万人～1億2400万人
極度の貧困へ追いやられた（2020年）

2030年の予想貧困率は7%
貧困撲滅の目標を達成できない

40億人
社会保障を受けられずにいる

目標2 飢餓をゼロに

23億7000万人
食べ物が不足するかバランスのとれた食事をしていない（2019年）

5歳未満の子どもの22%（1億4920万人）
発育阻害

出産適齢期の女性の3分の1
栄養不足が一因で貧血

《2021年9月25日掲載《けいさい》》

のも大変です。大学への進学をあきらめてしまうケースも少なくありません。

貧しさにより、多くの問題が引き起こされます。まず、十分に食べることが難《むずか》しくなります。SDGs《エスディージーズ》では目標2で、飢《う》えをなくし、人々が栄養のある食事をとれるようにすることを目指しています。栄養状態が悪ければ病気にかかりやすくなります。すべての人が健康的な生活を送ることは目標3です。

十分な教育を受けられず貧しさが親から子どもへ引き継《つ》がれてしまう問題や、女の子だからという理由で教育の機会が狭《せば》められてしまう問題もあります。すべての子どもたちが質の高い教育を受けられるようにする（目標4）、女性差別をなくしてジェンダー平等を実現すること（目標5）も重要な課題です。

また、安全な飲み水が確保でき、清潔なトイレも使えるようにする目標6、誰《だれ》もがどこにいても電気を使えるようにする目標7もあります。

チョコで考えるSDGs《エスディージーズ》

このように､いろいろな問題が実は「根っこ」のところでつながっています。SDGs《エスディージーズ》はこの点に注目し、関係しあっている問題をまとめて解決していこうと呼《よ》びかけています。17分野と目標が多岐《たき》にわたるのも、そのためなのです。

SDGs《エスディージーズ》のキーワードは「つながり」です。遠い国の誰《だれ》かの問題は、実は日本の私《わたし》たちにも関係しています。ここではチョコレートを例に考えてみたいと思います。甘《あま》くておいしいチョコレートの原料は、赤道付近で育つカカオの実からとれる豆です。このカカオの栽培《さいばい》地で、子どもたちが学校へ通わずに働いている問題があります。

　これは児童労働といわれる問題です。子どもは原則15歳《さい》になるまでは大人のように働いてはいけません。さらに原則18歳《さい》までは危険《きけん》を伴《ともな》う仕事はできません。いずれも法律《ほうりつ》や国際条約で決められているルールです。ところが国連機関の最新の調査によると、世界では約1億6000万人もの子どもが大人のように働いています。世界の子どもの10人に1人という割合《わりあい》で、半数はサハラ砂漠《さばく》より南にあるアフリカの国々の子どもたちです。

　日本に輸入されるカカオ豆の8割《わり》以上は西アフリカのガーナとコートジボワールからのものですが、どちらの国でも長らく児童労働の問題が続いています。両国の政府も対策《たいさく》に乗り出していますが、カカオはニューヨークやロンドンの市場であらかじめ値段《ねだん》が決められてしまうため、農家の収入《しゅうにゅう》をなかなか増やすことができません。日本のチョコレートメーカーは、児童労働がない地域《ちいき》からの豆を高く買ったり、現地の

カカオの実を採る少年＝2008年、コートジボワール

児童労働との関わりが多い産品

《2021年7月1日掲載《けいさい》》

NGOの活動を支援《しえん》したりしています。けれども私《わたし》たちがスーパーやコンビニなどで手にする製品のすべてに児童労働が関係していないと断言できない状況《じょうきょう》です。SDGs《エスディージーズ》では目標8の第7ターゲットで、他の目標より5年早い2025年までに児童労働をなくそうとしています。けれども目標の達成にはほど遠い状況《じょうきょう》です。

買うことで応援《おうえん》

　どうしたら、変えていけるでしょうか。決め手となるのは、「買う側」の行動です。世界的な食品会社は契約《けいやく》農家への現金の支給を始めていますが、売り上げの大きさからすれば「もっとできるはず」との指摘《してき》もあります。

　日本に輸入されるカカオ豆は、世界で生産されるカカオ豆の1割《わり》しかありません。日本の購《こう》買《ばい》力だけで問題は解決できませんが、輸入にかかわる商社、原料会社、メーカーなどがまとまって動けば良い変化を起こすことはできるはずです。そのためにも、「児童労働が関係していないとはっきりわかるチョコレートが食べたい！」という声をしっかり届《とど》け、企業《きぎょう》の背中《せなか》を押《お》すことが必要です。

　児童労働の問題はほかにも、コーヒーや綿花の栽培《さいばい》、インスタント麺《めん》などの食品、シャンプーや洗剤《せんざい》などに広く使われるパーム油の生産、携《けい》帯《たい》電話に使われているコバルトの採掘《さいくつ》、魚介類《ぎょかいるい》

の加工現場などでも指摘《してき》されています。

買わないという選択《せんたく》もありますが、買うことで応援《おうえん》することもできます。生産者に十分な対価を支払《しはら》う「フェアトレード（公平な取引）」の商品も増えています。認証《にんしょう》マークがついているので、探《さが》してみて下さい。板チョコだと1枚《まい》、300円以上しますが、お小遣《こづか》いをためて時々、買ってみてはどうでしょうか。どの企業《きぎょう》がどれだけ何を説明しているかを調べることも、買い物の参考になります。「こういう商品を作って下さい」という声を届《とど》けることも有効です。

SDGs《エスディージーズ》は「接着剤《ざい》」

私《わたし》たちの生活は、国境を越《こ》えた取引が何重にも重なっている食べ物や製品に支えられています。世界がつながっていることは、コロナでも実感されたことです。空も海もつながっていますから、気候変動の問題も海洋プラスチックの問題も、すべての国が協力しあわなければなりません。SDGs《エスディージーズ》は環境《かんきょう》、経済《けいざい》、社会における課題を照らし出し、それらの解決に向かうことで国際協力を強化しようとしています。

こうした国際協力の下地となるのは、人と人が思い合い、助け合う気持ちです。自分の暮《く》らしが地域《ちいき》、日本、世界とつながっていることや、人類は地球があって存在《そんざい》していること。そうした視点《してん》を養いながら、考えを深めていってほしいです。新聞もぜひ、読んでみて下さい。

SDGs《エスディージーズ》の根底には「誰《だれ》ひとり取り残さない」という理念があります。「誰《だれ》ひとり」には、これから生まれてくる人たちも含《ふく》まれています。未来への責任を、私《わたし》たち一人ひとりが負っています。そして、一人ひとりには力があります。人々を出会わせて力を合わせるきっかけをつくる「接着剤《ざい》」となるのがSDGs《エスディージーズ》です。どんどん、使いこなして下さい。

《2014年8月19日掲載《けいさい》》

お店に並《なら》ぶフェアトレードのチョコレート＝岡山《おかやま》県

月から火星へ 宇宙《うちゅう》探査《たんさ》最前線

地球を拠点《きょてん》とした探査《たんさ》

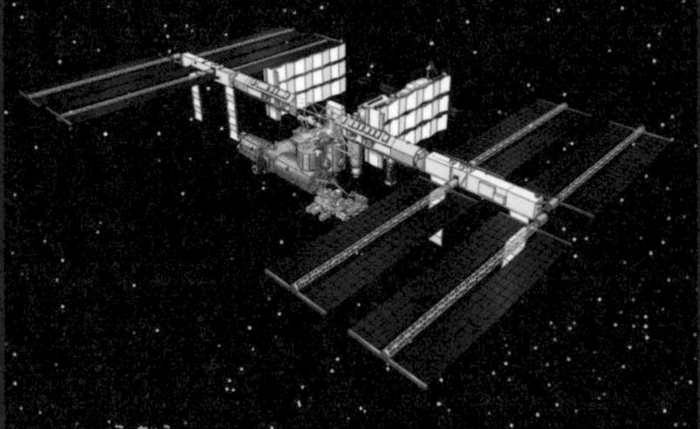

国際宇宙《うちゅう》ステーション（ISS）

2021年から民間宇宙《うちゅう》旅行がさかんに行われるようになり、2022年４月、民間企業《きぎょう》だけで初めて、ISSへの旅行を始めた。今後は民間利用が進むものと思われ、宇宙《うちゅう》ホテル化や映画《えいが》撮影《さつえい》の計画が発表されている。ISSは2030年に役割《やくわり》を終える予定。

新型宇宙船《うちゅうせん》「オリオン」とロケット「SLS」

2022年３月、アメリカ航空宇宙《うちゅう》局（NASA《ナサ》）はスペースシャトルの後継《こうけい》となる新型ロケット「SLS」と、有人宇宙船《うちゅうせん》「オリオン」をお披露目《ひろめ》した。初飛行は2022年度中の予定。いずれも次世代の月探査《たんさ》を担《にな》う機体である。SLSには、超《ちょう》小型探査《たんさ》機10機が搭載《とうさい》されており、二つは日本の探査《たんさ》機だ。

月探査《たんさ》

月面での有人探査《たんさ》活動のイメージ

NASA《ナサ》は2025年以降《いこう》に宇宙《うちゅう》飛行士を月面着陸させる予定。着陸した飛行士は様々な探査《たんさ》活動を行う予定。地球との行き来や将来《しょうらい》の火星探査《たんさ》では、月面に大量に存在《そんざい》する可能性があるとみられている氷を溶《と》かして電気分解し、ロケットの燃料にすることも期待されている。

 イラスト マカベアキオ 参考資料 NASA JAXA

人類は再び月を目指して飛び立とうとしている。日本も参加を決めた「アルテミス計画」は、アポロ計画から半世紀ぶりとなる有人月探査《たんさ》だ。月を回る軌道《きどう》上に宇宙《うちゅう》ステーション「ゲートウェー」をつくり、2025 年以降《いこう》、宇宙《うちゅう》飛行士を月面に着陸させ、月に基地を建設して長期滞在《たいざい》する。月基地では宇宙《うちゅう》飛行士の訓練や人類が居住するための様々な開発が行われる予定だ。さらに月を拠点《きょてん》に火星への有人探査《たんさ》も計画されている。

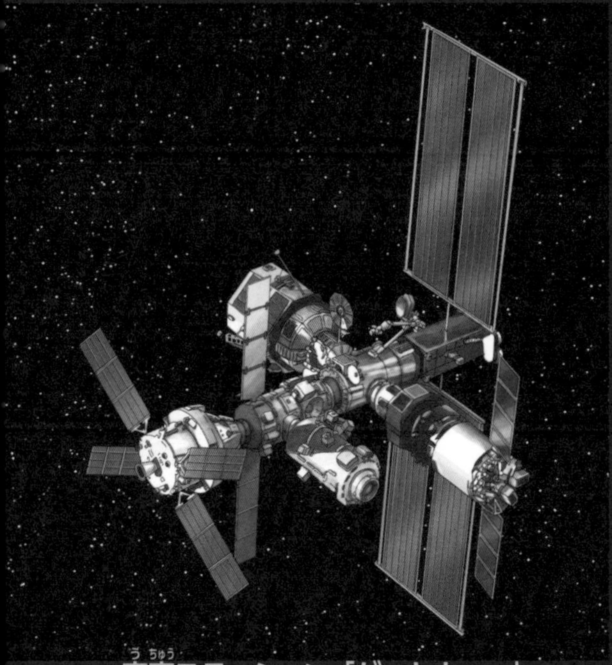

宇宙《うちゅう》ステーション「ゲートウェー」

月周回軌道《きどう》の有人宇宙《うちゅう》ステーション。「アルテミス計画」など有人宇宙探査《うちゅうたんさ》の前線基地となる。地球と月の往復に使われる宇宙船《うちゅうせん》「オリオン」などがドッキングできるようになっている。日本のほかISSに参加する宇宙《うちゅう》機関が参加予定で、各国が様々なモジュールを分担《ぶんたん》して開発に当たる。ウクライナ侵攻《しんこう》に絡《から》み、ロシアの国際宇宙《うちゅう》開発からの離脱《りだつ》も危惧《きぐ》されるなか、日本にはその穴《あな》を埋《う》める役割《やくわり》が期待されている。

火星探査《たんさ》

JAXA《ジャクサ》の火星衛星探査《たんさ》機のイメージ

「はやぶさ」などで星の表面の物質を地球に持ち帰る「サンプルリターン」に実績のある宇宙《うちゅう》航空研究開発機構（JAXA《ジャクサ》）は、NASA《ナサ》と協力関係を結んでいる。2024年度に火星の衛星に探査《たんさ》機を着陸させてサンプルを地球に持ち帰る計画を進めている。

食糧《しょくりょう》工場のイメージ

NASA《ナサ》は2030年代に火星有人探査《たんさ》を計画している。アメリカのほか、ヨーロッパや中国、アラブ首長国連《れん》邦《ぼう》（UAE）なども火星探査《たんさ》に名乗りを上げている。民間ではアメリカのスペースX社のイーロン・マスク氏は火星に居住地を建設して、2060年代に100万人の人類を移住させる計画を表明している。将来《しょうらい》、人類が火星に長期滞在《たいざい》することが可能になったときのために、惑星《わくせい》上での食糧栽培《しょくりょうさいばい》や水の調達についても様々な機関で研究が進められている。

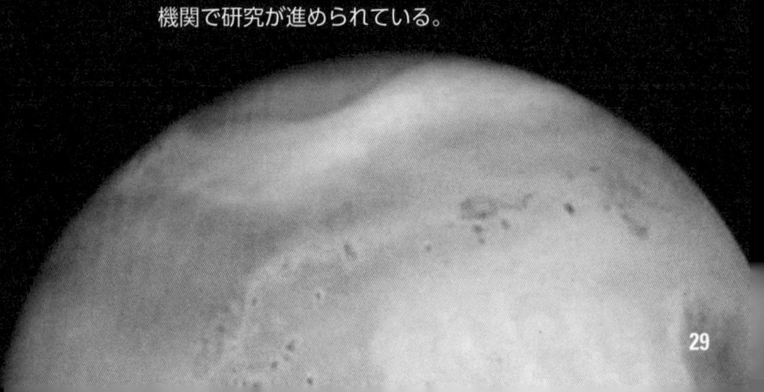

QUIZ

図解でなぞとき 再生可能エネルギーで

地熱発電

火山の周辺には深さ数kmの比《ひ》較的《かくてき》浅い場所に1千度前後のマグマだまりがあり、その熱によって地中に溜《た》まっている水が熱せられる。熱水の蒸気《じょうき》を使ってタービンを回し、発電するのが地熱発電だ。

風力発電

風の力で風車を回し、回転運動を発電機に伝えて電気を起こす。効率よく発電ができ、設置費用も比較的《ひかくてき》安いが、回転時のわずかな振動《しんどう》による健康被害《ひがい》や、鳥が衝突《しょうとつ》する問題などがある。

波力・潮力《ちょうりょく》発電

波の上下運動（波力）や潮《しお》の流れを使って発電する。地球の表面の約7割《わり》は海洋で覆《おお》われているため、将来《しょうらい》性が期待されているが、研究・開発費用が高いのが課題だ。

SDGs《エスディージーズ》達成を目指す！

SDGs《エスディージーズ》（持続可能な開発目標）には「エネルギーをみんなに そしてクリーンに」など、エネルギー問題に深く関わる項目《こうもく》がある。SDGs《エスディージーズ》達成に欠かせないものとして再生可能エネルギーがあらためて注目されている。太陽光や風力、水力、地熱などの自然エネルギーのほかに、バイオマスなどが持続可能なエネルギーとして期待されている。

水力発電

ダムでせき止めた川の水が、高い所から低いところに流れる時に水車（タービン）を回して発電する。大量の電気を安定してつくれるが、ダム建設による森林などの自然破壊《はかい》の恐《おそ》れがある。小さい川や農業用水路の水の流れを利用してタービンを回す「小水力発電」もある。

バイオマス発電

間伐《かんばつ》材や建築廃材《はいざい》、生ごみ、家畜《かちく》のふんなどの生物資源《しげん》「バイオマス」をボイラーで燃やし、その熱でできた蒸気《じょうき》でタービンを回す。資源《しげん》の有効活用になる一方、原料の収《しゅう》集《しゅう》や運搬《うんぱん》にお金がかかる。

太陽光発電

太陽光のエネルギーを電気に変えて発電する。半導体を利用した太陽電池が「発電機」に当たる。都市部では住宅《じゅうたく》の屋根、ビルの屋上や側面などにパネルが設置される。家庭では電気自動車などを蓄電《ちくでん》に活用することも多い。郊外《こうがい》では農地やゴルフ場を活用する事例が増えている。天候に左右されやすい欠点がある。

イラスト：マカベアキオ

THE COLUMN

ザ・コラム

電気代、ガソリン代――。暮《く》らしに欠かせないエネルギーの価格が高騰《こうとう》し続けている。2022年2月に始まったロシアのウクライナ侵攻《しんこう》が、価格上昇《じょうしょう》に拍車《はくしゃ》をかけた。ロシアが世界有数の石油や天然ガスの産出・輸出国だからだ。化石燃料に頼《たよ》る社会は、ひとつの国の思惑《おもわく》で簡単《かんたん》に揺《ゆ》らぐ。

元朝日新聞記者

上田俊英 うえだ・としひで

1960年生まれ。朝日新聞で編集委員や科学医療《いりょう》部長、ワシントン特派《とくは》員などを歴任。

化石燃料と戦争

化石燃料は世界の特定の地域《ちいき》に偏在《へんざい》している。「持てる国」と「持たざる国」との間に「格差」が生じ、しばしば国際紛争《ふんそう》の火種になる。

1973年に起こった第1次オイルショック（石油危機《きき》）のきっかけは、イスラエルと中東諸国《しょこく》との間で起こった第4次中東戦争だった。世界の石油（原油）輸出の大半を担《にな》っていた中東諸《しょ》国《こく》は、イスラエルを支持するアメリカなどへの禁輸を決定。価格も大幅《おおはば》に引き上げたため、世界中の国々の経済《けいざい》・社会は大混乱《こんらん》に陥《おちい》った。

日本の敗戦で終わった第2次世界大戦にも、石油が大きくかかわった。中国、そして当時フランス領だったベトナムなどの地域《ちいき》へと侵攻《しんこう》を拡大《かくだい》する日本に対し、アメリカは1941年8月、「経《けい》済制裁《ざいせいさい》」としての石油の禁輸を決定。ほとんどの石油をアメリカから輸入していた日本は4カ月後の12月8日、ハワイ・真珠湾《しんじゅわん》を攻撃《こうげき》し、アメリカとの戦争に突入《とつにゅう》した。

ロシアは化石燃料大国だ。世界の化石燃料などのデータをまとめた「BP統計」（2021年版）によると、石油の産出量はアメリカ、サウジアラビアに次ぐ3位で、輸出量はサウジアラビアに次ぐ2位。天然ガスの産出量はアメリカに次ぐ2位で、輸出量はトップ。石炭の輸出量も世界3位だ。

ウクライナ侵攻《しんこう》に反対するアメリカ、イギリスはロシアからの原油・天然ガスの輸入を禁止し、日本など主要7カ国（G7）は石炭輸入の段《だん》階《かい》的廃止《はいし》などを進める。対抗《たいこう》するロシアは2022年4月、まずポーランドとブルガリアに対する天然ガスの供給《きょうきゅう》を止めた。エネルギーをめぐる混《こん》乱《らん》は、収《おさ》まりそうにない。

日本はLNG（液化天然ガス）の8%をロシアに頼《たよ》る 2020年、財務省の貿易統計から

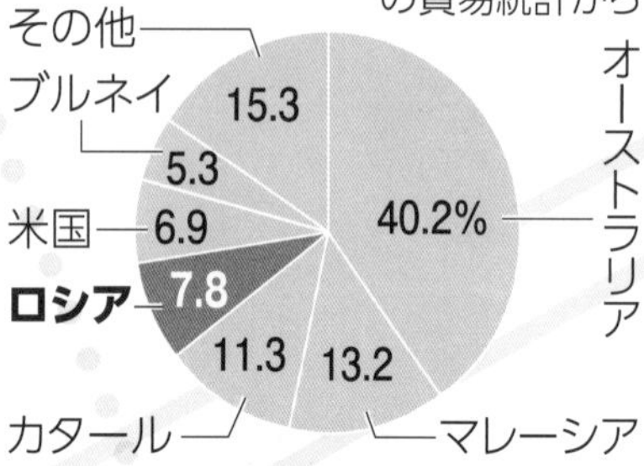

天然ガスの輸出シェアでロシアはトップ 2020年、英BPの資料から

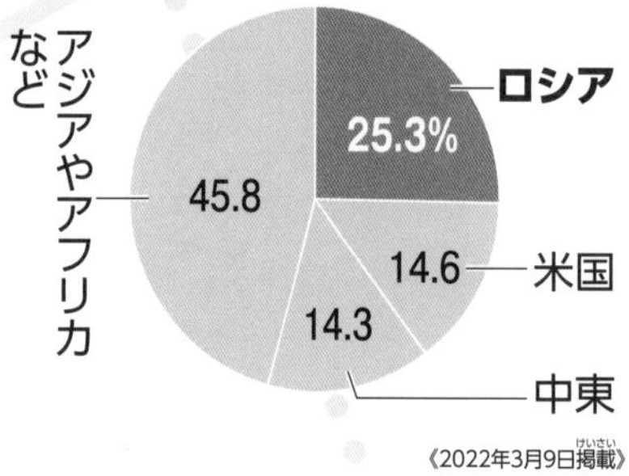

《2022年3月9日掲載《けいさい》》

標的になる原発

日本は化石燃料のほぼ全てを輸入に頼《たよ》っている。特に天然ガスの輸入量は中国に次ぎ、ドイツと並《なら》ぶ2位。世界有数の化石燃料の輸入大国だ。国民が使う全エネルギー（1次エネルギー）に占《し》める自給率は12.1%（2019年度）。同年時点で、36の先進国が加盟《かめい》する経済《けいざい》協力開発機構（OECD）の中で35位、下から2番目だ。

オイルショックがあった1970年代、日本をはじめ先進国の多くは「石油依存《いそん》からの脱却《だっきゃく》」を掲《かか》げ、原発建設に邁進《まいしん》した。しかし、アメリカ・スリーマイル島原発事故（1979年）、現在のウ

日本は国土の多くを森林が占《し》める世界有数の森林国だ＝2021年11月、福岡《ふくおか》県

クライナにある旧ソ連・チェルノブイリ原発事故（1986年）、東京電力福島第一原発事故（2011年）と大事故が続き、原発建設に当時の勢いはまったくない。

そもそも日本は原発燃料のウランも、すべて輸入に頼《たよ》っている。ロシアのウクライナ侵攻《しんこう》では、チェルノブイリ原発が攻撃《こうげき》された。戦争が起これば原発が簡単《かんたん》に標的になりうるという危《き》険《けん》も、私《わたし》たちは目の当たりにした。

真珠湾《しんじゅわん》で日本軍の攻撃《こうげき》を受けるアメリカの戦艦《せんかん》＝1941年12月

チェルノブイリ原発事故の跡地《あとち》＝2019年11月

豊かな資源《しげん》 日本にも

「資源《しげん》に乏《とぼ》しい日本」という言葉を、私《わたし》は子どものころから、耳にたこができるほど聞かされてきた。しかし、本当にそうだろうか。

たとえば森林。日本の国土は3分の2を森林が占《し》め、その総面積は本州よりも広い。国土に占《し》める森林の割合《わりあい》は、国連食糧《しょくりょう》農業機関（FAO）の調査によると、OECD加盟《かめい》国（2020年時点）の中で、フィンランド、スウェーデンに次ぐ3位だ。実際、日本では江戸《えど》時代まで、エネルギーを得るために、もっぱら薪《まき》や炭などの木材が使われていた。

「日本で100％自給できるのは空気、水、セメント」。津波《つなみ》工学が専門《せんもん》の首藤伸夫《しゅとうのぶお》・東北大学名《めい》誉《よ》教授は大学生だった1950年代、こう聞かされて研究者の道に進んだという。セメントの主原料となる石灰石《せっかいせき》の自給率は100％で、安心して手に入る。道路、橋、ビル、防潮堤《ぼうちょうてい》――。セメントは様々なものに使われ、日本の戦後復興を支えた。

空気は風力発電、水は水力発電、木材はバイオマス（生物資源《しげん》）発電や熱利用などとして、世界中で安心して使える「再生可能」なエネルギー資源《しげん》だ。これらは地球温暖化《おんだんか》という全人類の危機《きき》を避《さ》ける、最も重要な資源《しげん》でもある。

SCIENCE HERO

サイエンス英傑《えいけつ》伝 ⑩

サイエンスの歴史に名を刻《きざ》んだ人物たちを歴史作家の河合《かわい》敦《あつし》さんが解説。偉大《いだい》な発明や発見の裏話《うらばなし》から変人エピソードまで紹介《しょうかい》します。

歴史作家

河合 敦 かわい・あつし

1965年、東京都生まれ。近著《きんちょ》は『お札に登場した偉人《いじん》たち21人』（あすなろ書房《しょぼう》）

牧野富太郎

Makino Tomitaro

牧野富太郎《まきのとみたろう》は、幕末《ばくまつ》に生まれ、明治から昭和の長い間活躍《かつやく》した植物学者。長い生涯《しょうがい》の中で、日本全国の野山をかけめぐって採集した植物標本は40万点、名前をつけた植物は1500種にものぼる。また、彼《かれ》が残した植物図鑑《ずかん》は、今でも改訂を重ねながら、研究者や植物の愛好家に利用されている。

これらの業績で日本はもとより、世界からも高く評価され、牧野《まきの》は「日本植物学の父」と呼《よ》ばれている。しかも、彼《かれ》はこの世界的な業績を、ほとんど正式な教育を受けることなく、独学で築き上げているのである。

独学で世界的な業績をあげた「日本植物学の父」

標本の整理をする牧野富太郎《まきのとみたろう》＝1935年２月

牧野富太郎《まきのとみたろう》　年表

年	できごと
文久２(1862)年	土佐藩《とさはん》(高知県)に生まれる。
明治17(1884)年	上京し、東京大学の植物学教室の出入りを許される。
明治20(1887)年	「植物学雑誌《ざっし》」を創刊《そうかん》に携《たずさ》わる。
明治21(1888)年	『日本植物志図篇《へん》』の刊行を始める。
明治22(1889)年	新種の植物に日本で初めて学名をつける。
明治33(1900)年	『大日本植物志』の刊行を始める。
明治44(1911)年	東京植物同好会の会長になる
昭和９(1934)年	『牧野植物学全集』の刊行を始める。
昭和15(1940)年	『牧野日本植物図鑑《ずかん》』を刊行する。
昭和32(1957)年	亡《な》くなる。

裕福《ゆうふく》な商家の御曹司《おんぞうし》

牧野富太郎《まきのとみたろう》は、幕末《ばくまつ》の土佐藩《とさはん》（高知県）に生まれた。幼《おさな》いころに両親を亡《な》くしたが、実家は金持ちの商家で、何不自由のない御曹司《おんぞうし》として育てられた。

「西洋バッタ」とあだ名されるほどのやせっぽちで病弱だった牧野《まきの》だが、幼《おさな》いころから植物が大好きで、土佐《とさ》の野山を歩いては植物採集をしていたという。本来なら実家の商家を継《つ》ぐはずだったが、商売は祖母と番頭にまかせきり。青年になっても植物学の研究に熱中した。

小学校はおもしろくなくて２年で辞めてしまったので、正規の学校教育を受けることはなかったが、個人的に学校の先生や研究者に教えてもらったり、本を読んだりして、独学で植物学の知識を身に付けていった。

日本で初めて新種を命名

22歳《さい》のとき一つの転機が訪《おとず》れた。正規の教育を受けていない牧野《まきの》は、大学に進学できなかったが、植物学への情熱を認《みと》められ、東京大学の植物学教室に出入りすることを許されたのだ。東大の植物学教室には、数多くの貴重《きちょう》な植物標本があった。牧野《まきの》は毎日教室に通い研究に励《はげ》んだ。土佐《とさ》から上京した牧野《まきの》の下宿の部屋は、植物標本をつくる新聞紙が山のように積み重なり、まるで「狸《たぬき》の巣」だと言われるほどだった。

牧野《まきの》はその後、1888年に刊行した『日本植物志図篇《へん》』で注目されるようになり、1889年には、日本で初めて新種の植物に「ヤマトグサ」という学名をつけ、世界的に名を知られる存在《そんざい》になった。以降《いこう》、94歳《さい》で亡《な》くなるまで、精力的に全国を飛び回って植物採集をし、研究活動を行い、数々の業績を挙げていったのだった。

妻の名をつけた「スエコザサ」

数多くの業績を挙げた牧野《まきの》だったが、植物学に熱中するあまり、身の回りには頓着《とんちゃく》せず、人とぶつかることも多かった。また、おぼっちゃん生まれらしく、欲《ほ》しいものはすぐに買ってしまうなど、金遣《かねづか》いが荒《あら》かった。裕福《ゆうふく》な実家からの仕送りがあったころはそれでもよかったが、実家が経営難《なん》で傾《かたむ》き、仕送りがなくなると、家計は火の車となってしまう。

そんな牧野《まきの》の研究生活を支えたのが、愛妻のスエだった。家の中が植物学の標本でいっぱいになっても、借金でたいへんな思いをしても、「まるで道楽息子を抱《かか》えているようなもの」と笑って話し、研究費をかせぐために料理屋などを経営するなどして、牧野《まきの》のために研究資金を稼《かせ》ぐこともあった。

そんなスエに、牧野《まきの》は生涯《しょうがい》感謝の気持ちを持ち続け、彼女《かのじょ》が50代の若《わか》さで亡《な》くなると、新種の笹《ささ》に彼女《かのじょ》の名にちなんで「スエコザサ」と名付けたのだった。

取材・構成／大宮耕一　イメージイラスト／細雪純　左ページの人物写真／大野洋介

地球は温暖《おんだん》化してる？
最高気温を測ってみよう

今年の夏（8月）の気温は、40年くらい前と比べどんな風に変化しているのだろうか。
あなたの住むまちで1日の最高気温を測り、過去のデータと比較《ひかく》して、
地球の温暖《おんだん》化を実感してみよう。

用意するもの

- □ 温度計
  （棒状《ぼうじょう》のアナログ温度計でも、
  デジタル温度計でもよい）
- □ 記録用ノート
- □ グラフ用紙
- □ 熱中症対策《しょうたいさく》グッズ
- □ 虫除《むしよ》けグッズなど

地球温暖《おんだん》化とは？

地球の表面の平均気温が上がること。石炭や石油などの化石燃料を大量に使うようになり、二酸化炭素など温室効果ガスが増えたことが原因とされる。温暖《おんだん》化が進めば、異常《いじょう》気象などを引き起こすおそれがある。

地球温暖《おんだん》化の仕組み

人の活動により二酸化炭素などの温室効果ガスが
増えると、熱が宇宙《うちゅう》に出ていきにくくなり、温暖化が進む

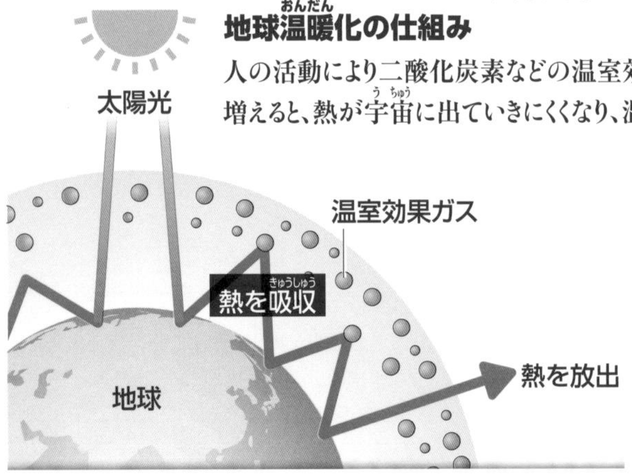

地球温暖化で起きると予測されていること

環境省《かんきょうしょう》の資料から

- 海面上昇
- 豪雨《ごうう》や熱波など、極端《きょくたん》な気象現象
- サンゴ礁《しょう》など、生態系《けい》の損失
- 気温上昇《じょうしょう》や干《かん》ばつで農作物が育ちにくくなる
- マラリアなど熱帯の感染症《かんせんしょう》が拡大《かくだい》

監修：上浪春海（サイエンスライター）　イラスト：江口修平

1 気温の測り方

気温は次の四つの条件を満たして測ろう。①地面が土や草地で、②風通しがよく、③直射《ちょくしゃ》日光の当たらない、④地上1.2～1.5mの高さで測る。近くの公園や家の庭などで、こういう条件を満たす場所を見つけ、木の枝に温度計を吊《つ》り下げるなどして、気温を測ろう。毎回、同じ時刻《じこく》に、同じ場所で測ることが大切だ。ノートに数字を記録するだけでなく、グラフ用紙に折れ線グラフで記入していこう。

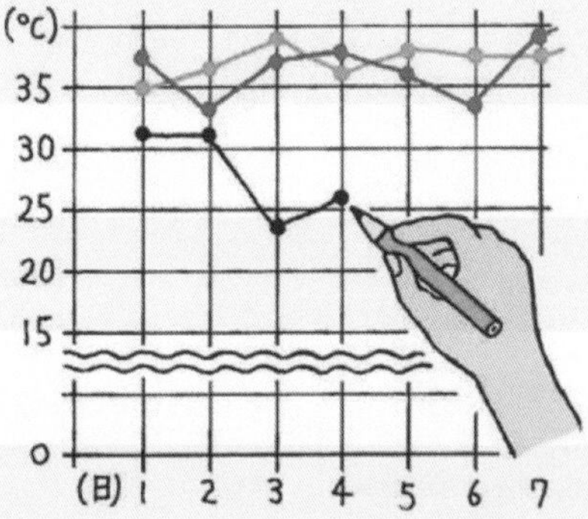

2 過去の気象データを調べてみよう

1カ月かけて気温の測定が終わったら、インターネットで過去の気象データを調べよう。

気象庁《きしょうちょう》の「過去の気象データ検索《けんさく》」のページ※で、あなたの住んでいる場所にもっとも近い観測地点の40年くらい前の8月の最高気温を調べ、①でつくったグラフに記入しよう。特定の1年だけだと、その年が特殊《とくしゅ》な気象だったこともあり得るので、前後を含《ふく》め2～3年分を調べて記入しよう。

※https://www.data.jma.go.jp/obd/stats/etrn/

【参考例】さいたま市の8月の最高気温

	最高気温(℃)			
	1982年	1983年	2019年	2020年
8/1	25.6	27.3	37.2	31.8
8/2	30.6	27.2	37.7	31.7
≀	≀	≀	≀	≀
8/12	26.1	33.8	34.1	36.8
≀	≀	≀	≀	≀
8/30	26.6	34.9	27.4	35.8
8/31	28.7	32.5	31.2	32.6

気象庁《きしょうちょう》のホームページ「過去の気象データ検索《けんさく》」から

日本の最高気温は？

気温測定の補足《ほそく》として、気象庁《きしょうちょう》発表の毎日の最高気温も、グラフに記入しておこう。その年の最高気温も「過去の気象データ検索《けんさく》」のページで調べることができる。

41.1℃

博物館・科学館で学ぼう！

標本のレプリカを作製

路上博物館

博物館は動物や植物、鉱物などの標本を数多く保管している。しかし、実際に足を運んでも、触《さわ》ることはまずできない。それなら標本のレプリカを作って、路上にくり出そう。そして、多くの人に触《さわ》ってもらおう──。「路上博物館」はそんな考えのもとに、活動を始めた。

「博物館」と名は付くが、展示《てんじ》の施設《しせつ》を構えているわけではない。時には実際の博物館とも連携《れんけい》しながら、動物の頭の骨《ほね》を中心に３Ｄプリンターで標本のレプリカを作っている。千葉県松戸市の工房《こうぼう》を訪《おとず》れると、館長の森健人《けんと》さんがレプリカを触《さわ》らせてくれた。ジャイアントパンダとシマウマ。促《うなが》され、二つの骨《ほね》のレプリカを動かしてみる。シマウマの顎《あご》は左右にずれるのに、パンダの顎《あご》は左右にはほとんど動かない。今度は奥《おく》の歯を見比べてみた。シマウマの方が大きくて平べったい。こうした違《ちが》いから何が分かるのか、森さんが説明してくれた。まず、パンダはシマウマとは異《こと》なり、食べ物をすり潰《つぶ》すことができない。その一方で、パンダが暮《く》らす山岳《さんがく》地帯は竹が豊富なうえに、竹を主食にする動物もいない。だから、パンダは周りを気にせず、時間をかけて竹を食べられるのだ。

「目で見ることだけが観察ではありません。私《わたし》たちは触《さわ》ることで、いろんな情報を得ているのです」。こう話す森さんは大学院で解剖《かいぼう》学を研究し、国立科学博物館の研究員時代から標本のレプリカづくりに取り組んできた。実際に触《さわ》って関節やあごを動かしてみる。すると、展示《てんじ》や本だけでは分からないことが見えてくる。だから、ワークショップやイベントを通じて、なるべく多くの人にレプリカを手にとってもらう機会を作ろうとしている。

路上博物館は標本の３Ｄモデルをネット上で公開している。レプリカのように触《さわ》ることはできないが、様々な角度から骨《ほね》の特徴《とくちょう》を見ることができる。「それぞれの骨《ほね》の形には機能が隠《かく》れています」と森さん。レプリカやネット上の３Ｄモデルを通じて、１人でも多くの人に骨《ほね》の面白さを知って欲《ほ》しいと考えている。

オンラインショップでは、ライオンやオオカミ、ツキノワグマなどのミニチュア版レプリカを買うこともできる。

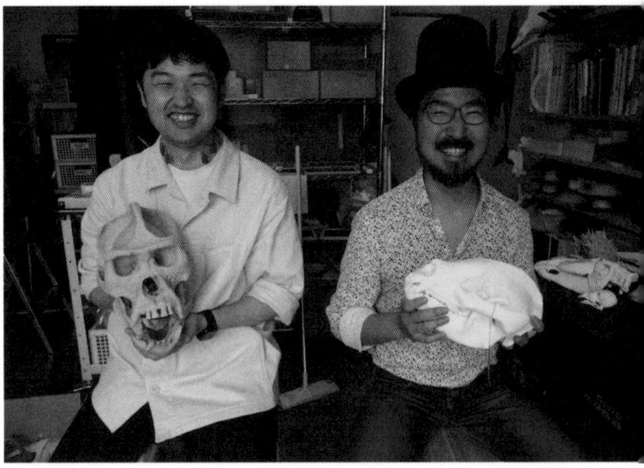
標本のレプリカを持つ館長の森健人《けんと》さん（右）と理事の齋藤和輝《さいとうかずき》さん

工房《こうぼう》には様々な標本のレプリカがあった

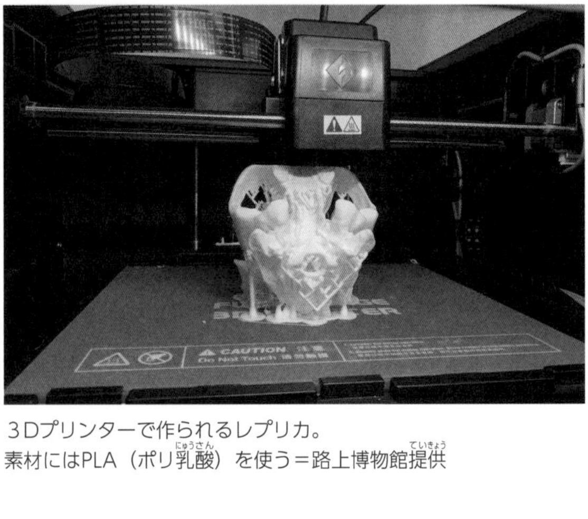

３Dプリンターで作られるレプリカ。
素材にはPLA（ポリ乳酸《にゅうさん》）を使う＝路上博物館提供《ていきょう》

［ホームページ］https://rojohaku.com/　［ツイッター］@rojohaku

気象予報士が常駐《じょうちゅう》

気象科学館

東京・虎《とら》ノ門《もん》の気象庁本庁舎《ちょうほんちょうしゃ》内にあり、気象や災害について幅広《はばひろ》く学べる。目を引くのが、風船のような球体にぶらさがった観測器「ラジオゾンデ」（写真上）。ゴム気球につるして地上から高度約30㎞まで飛ばし、上空の気温や湿度《しつど》、風向などを観測する。アメダス（地域《ちいき》気象観測システム）で使われている風向風速計や雨量計も展示《てんじ》。全国約1300カ所のアメダス観測所で降水《こうすい》量を観測し、そのうち800カ所以上では風速や風向き、気温、湿度《しつど》も観測している。こうした機器で地道に集められたデータが、正確な天気図や気象災害の防止につながっているんだ。

館内では、様々なクイズが用意されている。大型スクリーンを備えた「ウェザーミッション」（写真下）では新人予報官になりきり、与《あた》えられた問題に挑戦《ちょうせん》だ。「緊急地震《きんきゅうじしん》速報トライアル」では速報を知った際、自分がいる場所に応じてとるべき行動を判断しよう。気象予報士の資格を持った解説員が常駐《じょうちゅう》しているので、その場で質問できるよ。

［住　所］東京都港区虎ノ門3-6-9　気象庁2階　［T E L］03-6758-3900（気象庁代表電話）
［入 館 料］無料
［アクセス］地下鉄日比谷線「虎ノ門ヒルズ駅」A1・A2出口より徒歩4分。
同線「神谷町駅」4b出口より徒歩5分
［開館時間］9:00〜20:00［休 館 日］毎月第２月曜、年末年始、臨時休館日あり

下水道の役割《やくわり》を学ぼう

メタウォーター下水道科学館なごや

写真提供《ていきょう》：メタウォーター下水道科学館なごや

2020年にリニューアルされた体験型の科学館。「私《わたし》たちの『うんち』は、どこに行くのかな？」。そんな素朴《そぼく》な疑問《ぎもん》を持ったら「暮《く》らしと下水道ゾーン」へ行ってみよう。展示《てんじ》されている水洗《すいせん》トイレで、用意されたうんちの模型《もけい》を流すことができる（写真上）。透明《とうめい》なスケルトン状の床《ゆか》に張《は》り巡《めぐ》らされた配管を通り、うんちが下水道にたどり着く様子が分かるんだ。

科学館では、災害についても学ぶことができる。日本では毎年のように集中豪雨《ごうう》が発生し、深刻《しんこく》な水害を引き起こしている。例えば、家や車の周りで雨水がたまった場合、扉《とびら》はどれくらいの力で開くのだろうか。

「災害への備えゾーン」に展示された扉《とびら》（写真下）で体験してみよう。水が40㎝の高さまでたまった状況《じょうきょう》を再現しており、力をかけても簡《かん》単《たん》には開かない。館内には「排水《はいすい》シミュレーションゲーム」など様々なゲームもあるので、小さな子どもから大人まで、みんなで楽しく学べるよ。

［住　所］名古屋市北区名城1-3-3（名城水処理センター１階）［T E L］052-911-2301［入 館 料］無料
［アクセス］市営地下鉄名城線「名城公園」下車、1番出口より徒歩5分
［開館時間］9:30〜16:30［休 館 日］月曜日（祝日の場合は直後の平日）、12/29〜1/3

※情報は変更される場合があります。お出かけ前に各施設のホームページなどで最新情報をご確認ください。

JSEC《ジェイセック》2021に385人が挑戦《ちょうせん》 上位入賞者の研究を紹介《しょうかい》

2021 Japan Science & Engineering Challenge

全国の高校生・高専《こうせん》生が理系《りけい》の自由研究の成果を競うコンテスト「JSEC《ジェイセック》2021（第19回高校生・高専《こうせん》生科学技術チャレンジ）」の最終審査《しんさ》会が2021年12月、オンラインで開かれました。全国139校の385人から220研究の応募《おうぼ》があり、最終審査《しんさ》会には上位32研究に取り組んだ60人が出場しました。上位入賞者の横顔と研究成果を一部紹介《しょうかい》します。

JSEC《ジェイセック》2021最終審査《しんさ》会の出場者たち。バーチャル3D会場で詳細《しょうさい》を見ることができる

機敏《きびん》なハナアブを研究

最高賞の「文部科学大臣賞」には、石橋侑葉《ゆきは》さんと古堅乃《ふるげんのえ》唯さん（長崎《ながさき》県立長崎《ながさき》西高）が選ばれた。研究したのは、ハナアブ。空中に停止するホバリングの状態から、前進へ機敏《きびん》に切り替《か》える飛び方が大きな特徴《とくちょう》だ。

ハナアブには、羽の付け根近くに「翅基片《しきへん》」という第２の羽がある。2人は翅基片《しきへん》が飛行に重要な役割《やくわり》を果たしていると考えた。学校や公園で虫取り網《あみ》を振り、ハナアブを捕《つか》まえては透《とう》明《めい》のケースに入れて、観察を続けた。さらに、模型《もけい》を作り、実験で働きを確認《かくにん》したという。

ホバリングは、羽ばたきによって生まれる上向きの力と重力とが釣《つ》り合ったときに可能になる。模型《もけい》の羽の角度を１度ずつずらして、上向きの力が生まれる角度の組み合わせを探《さが》した。半年以上の試行錯誤《しこうさくご》をへて、模型《もけい》が完成。実験を重ねた結果、ハナアブの機敏《きびん》さは、メインの羽でなく、小さな翅基片《しきへん》を使って動きを変化させているからだとわかった。2人は「翅基片《しきへん》の仕組みを使えば、小さくて機敏《きびん》なドローンを作れるかもしれない」と期待している。

きっかけは別の実験

「科学技術政策担当《せいさくたんとう》大臣賞」を受けたのは、木《き》津初音《づねね》さん、山本陽向《ひなた》さん、安藤優花《ゆうか》さん（静《しず》岡《おか》理工科大学静岡《しずおか》北高）。3人は、アンモニアを海水と空気から作る方法を見つけた。

アンモニアは肥料や化学製品の原料として使われている。だが、現在の合成法には大量のエネルギーが必要だ。3人は学校近くの遊水池の水質を浄化《じょうか》するための実験をするなかで、水に超音波《ちょうおんぱ》をあてると硝酸《しょうさん》イオンができることに気づいた。「鉄などを加えて還元《かんげん》すればアンモニアができる。うまくいけばエネルギーをためられるかも」。研究の方針《ほうしん》を水質浄化《じょうか》からアンモニア作りへと転換《てんかん》した。

実験を繰《く》り返すうちに、濃縮《のうしゅく》した食塩水に空気や窒素《ちっそ》ガスを通すとアンモニアが発生し、二酸化炭素を加えると効率が高まることがわかった。「もっと効率が高い触媒《しょくばい》を探《さが》して、太陽光や風力発電のエネルギーで海水からアンモニアを製造したい」という。

七つの定理を発見

「科学技術振興《しんこう》機構賞」に選ばれた桐生有喜《きりうゆうき》さん（受賞時＝静岡《しずおか》サレジオ高3年）は、「メルセンヌ素数」と呼《よ》ばれる素数を研究した。17世紀にフランスの神学者メルセンヌが考案した「2のn乗《じょう》引く1」で表せる数。これは、メルセンヌ数と呼《よ》ばれ、1、3、7、15……と無数にある。このうち、1と自分自身でしか割《わ》り切れない素数であるメルセンヌ素数は3、7、31、127……と続くが、これまでに51個しか見つかっていない。

(左から) ハナアブを研究した古堅乃唯《ふるげんのえ》さんと石橋侑葉《ゆきは》さん。メルセンヌ素数を研究した桐生有喜《きりうゆうき》さん

静岡《しずおか》理工科大学静岡《しずおか》北高の（左から）山本陽向《ひなた》さん、木《き》津《づ》初《ね》音《ね》さん、安藤優花《ゆうか》さん　《受賞者の写真はいずれも本人提供《ていきょう》》

51番目は2018年にコンピューターで発見され、2400万桁《けた》を超《こ》えるという。桐生《きりう》さんは「コンピューターでなく、自分の手で見つけたい」と考え、ほぼ独学で研究してきた。その後、地元の大学のプログラムに参加し、数学者と出会ったことで事態が進展《しんてん》。新たなメルセンヌ素数を導くため、現れるパターンの解明に必要な定理を七つ発見した。将来《しょうらい》は数学者となり、素数の研究を暗号などに応用させたいという。

バーチャル会場に行ってみよう！

JSEC《ジェイセック》2021 の最終審査《しんさ》会はオンラインで開かれました。ウェブ上にバーチャル 3D 会場を設置（QR コードからも入場可能）。訪《おとず》れた人は、自由に歩き回ることができます。会場では、最終審査《しんさ》会に出場した全ファイナリストを紹介《しょうかい》し、研究の概要《がいよう》も掲載《けいさい》。歴代の上位入賞者たちもチェックできます。特別協賛・協賛・協力企業《きぎょう》によるブースもあり、多彩《たさい》な展示《てんじ》や動画を見て、楽しみながら各社の取り組みを学ぶことができます。

2 日間にわたる最終審査《しんさ》は、オンライン会議システムを利用。出場者は資料を画面に表示しながら審査《しんさ》委員に説明し、質問に答えました。表彰《ひょうしょう》式では、全国各地の出場者をオンラインでつなぎ、受賞者の喜びの表情などを伝える映像《えいぞう》をライブ配信。表彰《ひょうしょう》式の映像《えいぞう》は、バーチャル 3D 会場内で見ることができます。ぜひ、会場内を「探索《たんさく》」してみてください。

ＪＳＥＣ《ジェイセック》とは……

理数分野の学術的な研究、独創《どくそう》的なフィールド調査や装置《そうち》の試作など幅広《はばひろ》い分野の自由研究を秋に募集《ぼしゅう》します。大学教員らによる書類審査《しんさ》とプレゼンテーション審査《しんさ》をへて、優秀《ゆうしゅう》な作品を表彰《ひょうしょう》。上位入賞者は翌年《よくとし》の国際学生科学技術フェア(ISEF《アイセフ》) に出場します。様々な大学の学校推薦《すいせん》型選抜《せんばつ》・総合型選抜《せんばつ》で評価されるコンテストにもなっています。詳《くわ》しくはＨＰをご覧《らん》ください。

KEY WORD

キーワード

［宇宙《うちゅう》］

アルテミス計画

アメリカが進める有人月面探査《たんさ》の計画。月を回る軌道《きどう》上に宇宙《うちゅう》ステーション「ゲートウェー」をつくり、ここを拠点《きょてん》に2025年以降《いこう》、宇宙《うちゅう》飛行士を月面に着陸させるほか、月に基地を建設して長期滞在《たいざい》する。日本も計画への参加を決めており、日本人飛行士が月に降《お》りる可能性もある。

暗黒物質（ダークマター）

今の宇宙《うちゅう》の物質の大部分を形作っていると推定《すいてい》される未知の物質。宇宙《うちゅう》の誕生《たんじょう》直後から広く存在《そんざい》し、星や銀河を生み出したと考えられている。宇宙《うちゅう》全体に広がり、私《わたし》たちの身のまわりにも飛び交っていると考えられているが、光や熱を出さないため観測できていない。暗黒物質をとらえる実験は世界中で行われてきたが、正体を発見したという報告はまだない。

宇宙《うちゅう》ごみ

地球周回軌道《きどう》上の不要な人工物体で、スペースデブリとも呼《よ》ばれる。元々は使い終わった人工衛星や切《き》り離《はな》されたロケットの部品などだった。地上から追跡《ついせき》できる10㎝以上の大きさのものだけでも２万個あり、1㎜以上のものまで含《ふく》めると１億個以上、総重量は7千ｔ以上といわれている。拳銃《けんじゅう》の弾丸《だんがん》の10倍以上にあたる秒速７㎞以上の猛《もう》スピードで動いており、国際宇宙《うちゅう》ステーション（ISS）や運用中の人工衛星にぶつかれば大きな損害を与《あた》える。すでに衝突《しょうとつ》によって機能を停止した衛星もある。ISSにも時々衝突《しょうとつ》しており、時々回避《かいひ》行動もしている。宇《う》宙《ちゅう》ごみを監視《かんし》するだけではなく、捕《つか》まえて取《と》り除《のぞ》く衛星の研究・開発が続けられているが、目立った成果はあがっていない。

宇宙《うちゅう》飛行士

宇宙《うちゅう》空間で宇宙船《うちゅうせん》の操縦《そうじゅう》や様々な実験などにあたる人。世界初の宇宙《うちゅう》飛行士は1961年に宇宙《うちゅう》飛行した旧ソ連のユーリ・ガガーリン（写真）。これまでの日本人宇宙《うちゅう》飛行士は12人。現在、日本では宇宙《うちゅう》航空研究開発機構（JAXA）が候補《こうほ》者を募《つの》り、選抜《せんばつ》している。JAXAは2021年、13年ぶりに候補《こうほ》者を募集《ぼしゅう》。門戸を広げるため、自然科学系《けい》の大学卒といった応募《おうぼ》条件を削除《さくじょ》し、過去最多となる約4千人が応《おう》募《ぼ》。応募《おうぼ》者数が300～900人台だった過去５回の募《ぼ》集《しゅう》と比べて、大幅《おおはば》に増えた。応募《おうぼ》者のうち、女性は約２割《わり》だった。2023年2月ごろに「若干《じゃっかん》名」が選ばれる予定。

火星

地球のすぐ外を回る太陽系《けい》の第４惑星《わくせい》。地球と比べると、直径は半分、重力は3分の1、大気は1％しかない。2021年、アメリカの探査《たんさ》車「パーサビアランス」が着陸に成功。太古の火星には大きな海が広がっていたことがわかっており、地球と同じように生命が誕生《たんじょう》していた可能性がある。現在、アメリカや中国などが火星に探査《たんさ》車を走らせ、土を採って地球に送り返すサンプルリターンを計画。2030年代には地球に届《とど》く予定で、サンプルから生命の痕跡《こんせき》を発見することが期待されている。日本は2024年、火星の衛星フォボスを目指す探査《たんさ》機を打ち上げる。砂《すな》を採取して2029年に地球に持ち帰る予定だ。

国際宇宙《うちゅう》ステーション

日本、アメリカ、カナダ、ロシア、ヨーロッパ諸《しょ》国《こく》の計15カ国が共同で運用する有人宇宙施設《うちゅうしせつ》。実験や研究のための「実験モジュール」や宇宙《うちゅう》飛行士らが暮《く》らせる「居住モジュール」、船外で作業するためのロボットアームなどがある。微小《びしょう》重力や真空といった宇宙《うちゅう》ならではの環境《かんきょう》を利用し、数々の科学実験が行われてきた。最近では、日本人飛行士の野口聡一《そういち》さんや星出彰彦《ほしであきひこ》さんが滞在《たいざい》した。2011年の完成から10年近くたち、老朽《ろうきゅう》化が進んでいる。2030年に運用を停止する予定。近年は維持《いじ》費をまかなおうと、映画撮影《えいがさつえい》や観光のための宿泊《しゅくはく》といった商業利用を促《うなが》す動きも出ている。

はやぶさ２

宇宙《うちゅう》航空研究開発機構（JAXA）が開発した小惑《しょうわく》星探査《せいたんさ》機。地球から約３億㎞離《はな》れた小惑星《しょうわくせい》「リュウグウ」に着陸して砂《すな》や石を採取し、2020年12月にカプセルを地球に届《とど》けた。砂《すな》や石の中に炭素を中心とする有機物が含《ふく》まれていることはすでにわかっており、世界中の研究者が詳《くわ》しく分析《ぶんせき》している。もし、生命の材料として重要な「アミノ酸」が見つかれば、地球の生命の材料が宇宙《うちゅう》から来たのではないか、という説が有力になるかもしれない。はやぶさ２の本体は現在、別の小惑星《しょうわくせい》を目指して飛行を続けている。到着《とうちゃく》は2031年の予定だ。

ブラックホール

重力がきわめて強く、あらゆる物質をのみ込《こ》む天体。光さえも抜《ぬ》け出《だ》せないため、「黒い穴《あな》」を意味するブラックホールと名付けられた。宇宙《うちゅう》には数え切れないほどのブラックホールがあり、重さが太陽の数倍～10倍ほどのブラックホールは、燃えつきた重い星がつぶれてできると考えられている。その一方で、銀河の中心には、最大で太陽の100億倍も重い巨大《きょだい》ブラックホールがあるが、どうやってできるかはわかっていない。日本の国立天文台も加わった国際研究チームは2019年、地球から約5500万光年離《はな》れた銀河「M87」の中心にある巨大《きょだい》ブラックホールの電波による撮影《さつえい》に世界で初めて成功した。このチームは、天の川銀河の中心にあり地球から約2万7千光年離《はな》れた「いて座《ざ》A*《エースター》」と呼《よ》ばれるブラックホールの撮影《さつえい》にも成功している。

［医療《いりょう》・生物］

iPS細胞《アイピーエスさいぼう》

皮膚《ひふ》や血液などの細胞《さいぼう》に特定の遺伝子《いでんし》を外から加えて人工的につくられる。受精卵《じゅせいらん》からつくるＥＳ細《さい》胞《ぼう》と同様に無限に増え、さまざまな細胞《さいぼう》に変化させることができる。いたんだ臓器《ぞうき》や組織を置《お》き換《か》える「再生医療《いりょう》」だけでなく、難病《なんびょう》の患者《かんじゃ》からつくったiPS細胞《アイピーエスさいぼう》を使って治療薬《ちりょうやく》を見つける「iPS創薬《アイピーエスそうやく》」への応用も期待されている。iPS細胞《アイピーエスさいぼう》をつくった山中伸《しん》弥《や》・京都大学教授は2012年にノーベル医学生理学賞を受賞した。

遺伝子《いでんし》とDNA

体つきや顔立ちといった体の特徴《とくちょう》を、親から子へ伝える「体の設計図」を遺伝子《いでんし》という。設計図の情報は、細胞《さいぼう》の核《かく》の中にある染色体《せんしょくたい》に書かれており、染色体《せんしょくたい》は「DNA」という物質でできている。DNAは、ひねった縄《なわ》ばしごのように２本の鎖《くさり》が連なった「二重らせん構造」。２本の鎖《くさり》は「アデニン（A）」「チミン（T）」「グアニン（G）」「シトシン（C）」という４種類の塩基でつながっている。ATGCの文字の並《なら》び方の違《ちが》いによって、髪《かみ》の毛や目の色が決まったり、病気につながったりする。

ゲノム編集食品

生き物のゲノム（遺伝《いでん》情報）を自由に書き換《か》えることができる「ゲノム編集」という技術を用いて作られた食品。作り手や消費者にメリットがある食品を短期間で開発できる。日本国内では2022年５月現在、血圧の上昇《じょうしょう》を抑《おさ》えるトマト（写真）、肉付きをよくしたマダイ、成長速度を速めたトラフグの３件が国に届《とど》けられている。世界で食料危機《きき》が起きたときの打開策《さく》として期待する声がある一方で、発展《はってん》途上《とじょう》の技術なので安全面への慎重《しんちょう》な意見は根強い。

KEY WORD
キーワード

昆虫食《こんちゅうしょく》

昆虫《こんちゅう》をたんぱく源《げん》として、食材にしたり家畜《かちく》の飼料に用いたりすること。世界人口の増加とともに、肉類の需要《じゅよう》も増え続けている。牛や豚《ぶた》などの飼育に必要な穀物《こくもつ》の生産を増やすには限界があり、近い将《しょう》来《らい》、肉類が食べられなくなる恐《おそ》れもある。国連食糧《しょくりょう》農業機関は2013年、昆虫《こんちゅう》食を勧《すす》める報告書を公表。高たんぱくで、ビタミン、ミネラルも豊富。養殖《ようしょく》がしやすいことも利点だ。報告書によると、地球上には食べられる昆虫《こんちゅう》が1900種以上ある。日本では元々、地域《ちいき》によっては食べられてきた。最近はコオロギの素揚《あ》げを扱《あつか》う自動販売《はんばい》機（写真）もある。

新型コロナウイルス

2019年12月に中国の武漢《ぶかん》市で確認《かくにん》され、その後、世界に感染《かんせん》が拡大《かくだい》したウイルス。それまでに、ヒトに感染《かんせん》するコロナウイルスは6種類あることが報告されていたが、これらとは異《こと》なることから、新型と呼《よ》ばれる。コロナウイルスを電子顕微鏡《けんびきょう》で見ると、表面の突起《とっき》が王冠《おうかん》（ギリシャ語でコロナ）や太陽の光冠《こうかん》（コロナ）のように見えることから、「コロナウイルス」と名付けられた。

PCR検査

ウイルスに感染《かんせん》しているかどうかを調べる検査で、新型コロナウイルスで広く行われている。鼻やのどの奥《おく》から検体を採り、微量《びりょう》に含《ふく》まれるウイルスの遺《い》伝子《でんし》を専用《せんよう》の装置《そうち》で増やし、分析《ぶんせき》できるようにする。少しでもウイルスがいれば検出できるが、検査には数時間かかる。検体を採るとき、せきやくしゃみで感染《かんせん》するリスクもある。

変異《へんい》ウイルス（変異株《へんいかぶ》）

変異《へんい》とは、ウイルスが増えるときに偶然《ぐうぜん》、遺伝《いでん》情報の一部が変わること。新型コロナウイルスの表面には「スパイクたんぱく質」という突起《とっき》があり、ヒトの細胞《さいぼう》にある分子にくっついて感染《かんせん》する。一部の変異《へんい》ウイルスは、この突起《とっき》の一部が変異《へんい》し、より分子にくっつきやすくなったため、感染《かんせん》力が高まったと考えられている。世界保健機関（WHO）は2021年５月以来、変異《へんい》ウイルスに「アルファ」「デルタ」「オミクロン」などのギリシャ文字を使った呼《よ》び名をつけている。

mRNAワクチン

新型コロナウイルスのワクチンとして実用化された。これまでのワクチンは無害化したウイルスのたんぱく質などから作られてきたが、**m（メッセンジャー）RNAワクチンは、ウイルスのたんぱく質そのものではなく、それをつくるためのmRNAを体内に届《とど》ける。**mRNAは一部のウイルスたんぱく質を作るための「設計図」で、この設計図をもとに体内で特定のウイルスたんぱく質が作られ、それに対して免疫《めんえき》ができる。大きな利点は、スピード開発が可能なこと。新しいウイルス感染症《かんせんしょう》が流行しても、そのウイルスの遺伝子《いでんし》配列さえ分かれば、短期間で作ることができる。新型コロナのmRNAワクチンは、１年足らずで開発された。

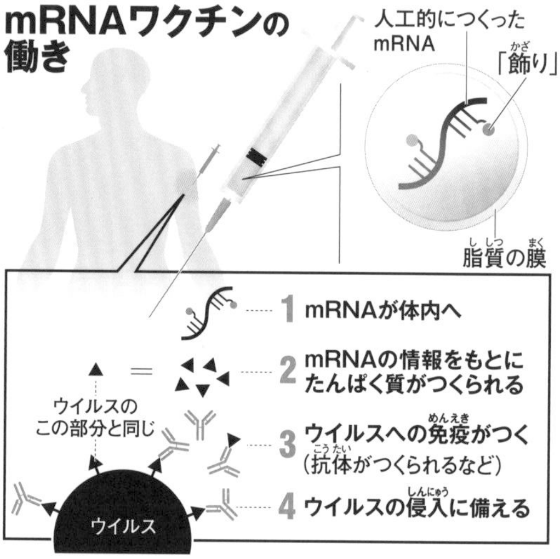

《2021年9月24日掲載《けいさい》》

[環境・災害《かんきょう》]

エコカー

二酸化炭素や窒素《ちっそ》酸化物などの排出《はいしゅつ》量が少なく、燃費もよい環境《かんきょう》性能に優《すぐ》れた自動車のこと。ハイブリッド車や電気自動車、燃料電池自動車などがある。ハイブリッド車は、低い速度では電気モーターを使い、速度が上がってもモーターがエンジンを補助《ほじょ》して走る。走りながら充電《じゅうでん》するため、電気自動車（EV）のような充電《じゅうでん》設備はいらない。電気自動車は電気で走るため充電《じゅうでん》が必要（写真）だが、ガソリンなどの燃料を使わず、二酸化炭素などの排《はい》ガスを出さないのが特徴《とくちょう》だ。燃料電池自動車（FCV）も排《はい》ガスを出さない。空気中の酸素を取り込《こ》み、燃料電池で水素と反応させて発電し、走行する。

SDGs《エスディージーズ》（持続可能な開発目標）

「Sustainable Development Goals」の略称《りゃくしょう》。**2030年までに世界が達成する目標として、2015年に国連で採択《さいたく》された。**スローガンは「誰《だれ》ひとり取り残さない」。「貧困《ひんこん》をなくそう」「すべての人に健康と福祉《ふくし》を」「ジェンダー平等を実現しよう」など17のゴールがあり、政府や企業《きぎょう》、学校、市民社会、子どもも含《ふく》めた全ての人が、目標達成のために行動することを求められている。

温室効果ガス

地球をくるむ毛布のように、太陽からの熱を閉《と》じ込《こ》めて保温する働きのある気体。二酸化炭素やメタン、一酸化二窒素《ちっそ》、代替《だいたい》フロンなどがある。人間が出している温室効果ガスの８割《わり》近くは、石炭や石油の消費、森林破壊《はかい》に伴《ともな》う二酸化炭素が占《し》める。国連の気候変動に関する政府間パネル（IPCC）は2022年に評価報告書を公表し、産業革命《かくめい》前からの気温上昇《じょうしょう》を1.5度に抑《おさ》える世界目標の達成には、2025年度までに温室効果ガスの排出《はいしゅつ》を減少に転じさせる必要があると指摘《してき》した。日本政府は温室効果ガスの排出《はいしゅつ》量を2050年までに「実質ゼロ」にすることを目指す。火力発電を減らしたりエコカーを広めたりすることで二酸化炭素を出す量を減らし、それでも足りない分は、植物などが吸収《きゅうしゅう》する分を差し引くことで実質的にゼロにする。

活断層《かつだんそう》

地下の岩石が上下・左右にずれてできた断層《だんそう》のうち、将来《しょうらい》もずれて地震《じしん》を起こす可能性のある断層《だんそう》のこと。日本には2千カ所以上の活断層《かつだんそう》があると言われている。過去に、すでに存在《そんざい》が知られた活断層《かつだんそう》で起き、大きな被害《ひがい》をもたらした地震として、1995年の兵庫県南部地震《じしん》（阪神《はんしん》・淡路大震災《あわじだいしんさい》）、2016年の熊本地震《くまもとじしん》などがある。

震度《しんど》とマグニチュード

震度《しんど》は気象庁《きしょうちょう》が定めたもので、ある地点での揺《ゆ》れの大きさを表す10段階《だんかい》の尺度《しゃくど》。以前は０～７の８段階《だんかい》だったが、震度《しんど》5を5弱と5強に、震度《しんど》６を6弱と6強に分け、10段階《だんかい》になった。最近では、2016年の熊本地震《くまもとじしん》や2018年の北海道胆振《いぶり》東部地震《じしん》で震《しん》度《ど》７を記録した。一方の**マグニチュードは、地震《じしん》そのもののエネルギーの大きさ（規模《きぼ》）を表す単位。**マグニチュードが１増えると、地震《じしん》のエネルギーは約32倍になる。2011年の東日本大震災《だいしんさい》では、日本観測史上最大のマグニチュード9.0を記録した。

温室効果ガスの割合《わりあい》

2010年、CO_2換算《かんさん》、気象庁《きしょうちょう》の資料から

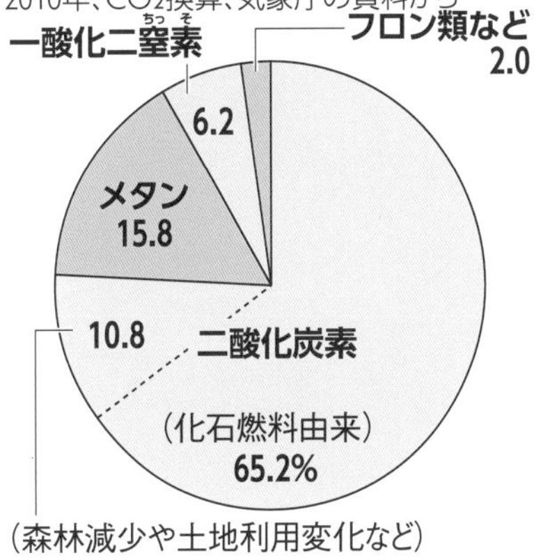

《2021年11月13日掲載《けいさい》》

世界自然遺産《いさん》

未来へ伝えたい人類共通の宝《たから》として、「世界遺産《いさん》条約」に基づいて登録された自然や地形。自然の美しさや生物多様性などの基準を定めた四つの評価項目《こうもく》のいずれかを満たす必要がある。2021年には「奄美《あまみ》大島、徳之島《とくのしま》、沖縄《おきなわ》島北部及び西表島《いりおもてじま》」が登録された。

石炭火力発電

石炭を燃料にしている発電方法で、日本では発電量全体の約31％（2020年度）を占《し》める。地球温暖《おんだん》化の原因となる二酸化炭素を多く出すため、世界では「脱《だつ》石炭火力」の動きが広がっている。フランスやイギリス、ドイツは全廃《ぜんぱい》を目指している。日本は効率が悪い旧式の発電所をできる限り減らすことを目指しているが、石炭は安くて調達しやすいため、火力発電を全て廃止《はいし》することには消極的だ。

世界自然遺産《いさん》は…
・世界　218カ所　・日本　5カ所

評価基準（主な例）／場所	自然の美しさ	生態系《けい》	生物多様性	地形・地質
知床《しれとこ》（北海道）		●	●	
白神山地（青森県、秋田県）		●		
小笠原諸島《おがさわらしょとう》（東京都）		●		
屋久島（鹿児島《かごしま》県）	●	●		
奄美《あまみ》・沖縄《おきなわ》（鹿児島《かごしま》県、沖縄《おきなわ》県）			●	
ガラパゴス諸島《しょとう》（エクアドル）	●	●	●	●
グランドキャニオン国立公園（米国）	●	●	●	●

《2021年7月30日掲載《けいさい》》

南海トラフ

静岡《しずおか》県の駿河湾《するがわん》から九州の東側の沖合《おきあい》の海底にある深さ4千mのなだらかなくぼみ。非常に活発で大規模《きぼ》な地震《じしん》発生帯として知られている。海のプレート（フィリピン海プレート）が陸のプレート（ユーラシアプレート）の下に沈《しず》み込《こ》む境界にあり、過去にもこの付近を震源《しんげん》とした巨大地震《きょだいじしん》が繰《く》り返《かえ》し発生している。

パリ協定

2015年に採択《さいたく》された地球温暖《おんだん》化対策《たいさく》の国際ルール。翌年《よくねん》11月に発効した。産業革命《かくめい》前からの気温上昇《じょうしょう》を２度よりかなり低く、できれば1.5度に抑《おさ》えることが目標。そのために、21世紀後半に世界全体で温室効果ガスの排出《はいしゅつ》を実質ゼロにすることをうたっている。各国は温室効果ガスの削減《さくげん》目標をたて、5年ごとに点検、見直しをする。

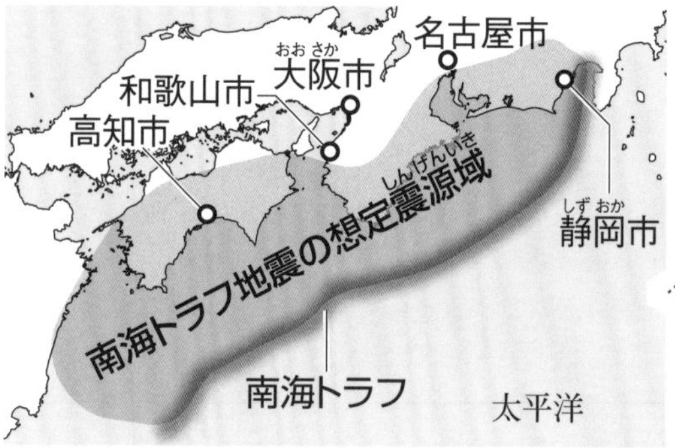

《2019年4月7日掲載《けいさい》》

[情報通信・技術]

CASE（ケース）

自動車業界が直面する四つの技術革新《かくしん》で、「(インターネットと）つながる」（C)、「自動運転」（A)、「シェアリング」（S)、「電動化」（E）の英語の頭文字をとった造語。ドイツのダイムラー社が2016年に使い始め、業界全体に広がった。こうした次世代技術の開発競争は激《はげ》しくなっており、「100年に一度の変革期《へんかく》」といわれている。巨額《きょがく》の費用や様々な分野にわたる技術、人材の結集が必要で、自動車メーカーや通信企業《きぎょう》、巨大《きょだい》ＩＴ企業《きぎょう》、ベンチャーによる提携《ていけい》の動きが加速している。

自動運転技術

人が操作《そうさ》しなくても、自動車がカメラやコンピューターなどを使い、道路や周囲の人、物の状況《じょうきょう》を自分で確認《かくにん》しながら走る技術。レベル１～５の５段階《だんかい》に分けられ、レベルが上がるほど車が自動的に操作《そうさ》できる機能が多くなる。2021年には、日本の自動車メーカーが「手放し運転」できるレベル３の車を世界で初めて発売した。日本政府は道路交通法を改正し、一定の条件下でシステムがすべての運転操作《そうさ》をするレベル４が2022年度中に解禁される予定。

《2021年5月27日掲載《けいさい》》

人工知能（AI）

人間の脳《のう》と同じような働きがあるコンピュータープログラムのこと。人間との簡単《かんたん》な会話や、自動車の運転、将棋《しょうぎ》やチェスなど、人間の知能の一部を再現したAIはすでに実用化されている。2010年代に入り、コンピューター自身が学んで賢《かしこ》くなるディープラーニングの技術が発展《はってん》したことで、AIの進化が一気に進んだ。

スーパーコンピューター

計算の速度がきわめて速いコンピューター。遺伝《いでん》子《し》の解析《かいせき》、気象現象の分析《ぶんせき》、船舶《せんぱく》や航空機の設計など、様々な分野で活用されている。2021年にノーベル物理学賞を受賞した真鍋淑郎《まなべしゅくろう》さんは、大気中の二酸化炭素が増えると気温が上がることを、世界に先駆《さきが》けてスーパーコンピューターを使って示した。日本が開発した「富岳《ふがく》」（写真）は、2020年に計算速度の世界ランキングで１位になった。

KEY WORD キーワード

ビッグデータ

ネットワーク上に存在《そんざい》する膨大《ぼうだい》な量のデジタルデータ。身近な例では、テレビの視聴《しちょう》率、携帯《けいたい》電話の位置情報、通販《つうはん》サイトの購買《こうばい》履歴《りれき》、SNSの書き込《こ》みなど。ビッグデータを資料として分析《ぶんせき》することで、人の行動や社会の動きへの理解を深め、政策《せいさく》やビジネスなどに生かす取り組みが進んでいる。

5G

携帯《けいたい》電話などに使われている高速通信規格。日本では2020年にサービスが始まった。Gは「世代」を意味する英語の頭文字。通信速度は、現在主に使われている4Gの数十倍。大容量の２時間の映画《えいが》をダウンロードするのに4Gは5分かかったが、5Gなら3秒で終わる。多数で同時に接続できることも特長だ。情報の送り手と受け手の間のタイムラグ（遅延《ちえん》）がほとんどないため、離《はな》れた場所から機械を動かす遠《えん》隔操《かくそう》作《さ》もスムーズになる。医者が遠くの患者《かんじゃ》を診察《しんさつ》したり、車を自動で運転したり、様々なサービスが登場することが期待されている。次世代の6Gは2030年代に実用化が見込《みこ》まれている。

メタバース

インターネット上の仮想空間全般《ぜんぱん》をさし、「メタ（超《ちょう》越《えつ》した）」と「ユニバース（宇宙《うちゅう》）」を組み合わせた造語。スマートフォンやパソコンに加え、ゴーグル型の端末《たんまつ》（写真）をつけて仮想空間を現実のように体験するVR（仮想現実）、現実の画像の上に仮想の画像を重ねるAR（拡張《かくちょう》現実）などを使ってやりとりする。ユーザーは自分の分身として動くキャラクター「アバター」となって空間に入り、他のアバターと交流するほか、買い物や仕事もできる。SNS最大手のフェイスブックは2021年10月に社名を「メタ」に変え、メタバース分野に力を入れる方針《ほうしん》を鮮明《せんめい》にした。ただ、メタバースにはプライバシーや安全面など、幅広《はばひろ》い問題も指摘《してき》されている。

リチウムイオン電池

何度でも充電《じゅうでん》して使える電池で、1990年代に製品化された。正極にコバルト酸リチウム、負極に炭素材料を使用し、両極間をリチウムイオンが往来する。小型化や軽量化がしやすく、電力が大きいため、携帯《けいたい》電話やノートパソコンなどの電源《でんげん》として普及《ふきゅう》。電子機器を持ち運ぶモバイル文化の原動力となった。最近は電気自動車のバッテリーにも使われている。旭化成《あさひかせい》の研究者だった吉野彰《よしのあきら》さんが1985年に基本原理を発明し、2019年にノーベル化学賞を受賞した。

量子コンピューター

重ね合わせや量子のもつれなどの量子力学的な現象を活用してつくられ、スーパーコンピューターの性能を超《こ》えるコンピューター。アメリカのグーグル社は2019年、開発中の量子コンピューターで「世界最速のスパコンが１万年かかる計算を約200秒で終わらせた」と発表した。他のＩＴ大手も次々と算入し、開発の競争が盛《さか》んになっている。実用化はまだ先だが、人工知能や創薬《そうやく》、金融《きんゆう》、エネルギーなど複雑な計算が必要な分野の研究が進むことが期待されている。また、インターネットや金融《きんゆう》の安全を保っている現在の暗号が簡単《かんたん》に解けるようになるとも言われている。